图解园林施工图系列

6 园林设计全案图（一）

深圳市北林苑景观及建筑规划设计院 编著

中国建筑工业出版社

图书在版编目（CIP）数据

6　园林设计全案图（一）/深圳市北林苑景观及建筑规划设计院编著. —北京：中国建筑工业出版社，2010.8
（图解园林施工图系列）
ISBN 978-7-112-12184-7

Ⅰ.①6… Ⅱ.①深… Ⅲ.①园林设计-图集
Ⅳ.①TU986.2-64

中国版本图书馆CIP数据核字（2010）第116031号

责任编辑：郑淮兵　杜　洁
责任设计：赵明霞
责任校对：马　赛　姜小莲

编委会

主编单位：深圳市北林苑景观及建筑规划设计院
主　　编：何　昉
副 主 编：黄任之　千　茜
编　　委：叶　枫　周西显　金锦大　叶永辉　王　涛　宁旨文
　　　　　蒋华平　夏　媛　徐　艳　王永喜　肖洁舒
撰　　稿（按姓氏笔画排序）：
　　　　　丁　蓓　王　兴　王顺有　方拥生　许初元　严廷平
　　　　　李　远　李　勇　李亚刚　杨春梅　杨政华　何　伟
　　　　　陈新香　林晓晨　胡　炜　洪琳燕　徐宁曼　资清平
　　　　　黄秀丽　章锡龙　蔡锦淮　谭　庆

图解园林施工图系列
6　园林设计全案图（一）
深圳市北林苑景观及建筑规划设计院　编著
＊
中国建筑工业出版社出版、发行（北京西郊百万庄）
各地新华书店、建筑书店经销
霸州市顺浩图文科技发展有限公司制版
北京中科印刷有限公司印刷
＊
开本：880×1230毫米　横1/16　印张：12　字数：460千字
2011年10月第一版　　2011年10月第一次印刷
定价：**39.00元**
ISBN 978-7-112-12184-7
（19162）

版权所有　翻印必究
如有印装质量问题，可寄本社退换
（邮政编码100037）

序 一

"风景园林"（Landscape Architecture）是一门由艺术与科学多学科综合而成的"规划设计"学科（Discipline），它是把地球上自然界的物质因素（诸如土地、空气、水、植被），生态系统，资源、能源，与一切人工营造的因素结合起来而创造出的各种各样的、不同用途的、人类生产、生活在物质与精神上所需求的，诸如工业、农业、商业、科学、艺术、文化、教育所需的千变万化的社区，城市及农村环境，风景园林，及其构筑物与建筑物的规划设计学科。设计师要把这种自然与人工因素的创造与结合变为现实，除了有好的方案设计，还需掌握科学、标准的施工图设计方法。园林施工图需要将设计师的意图精准地反映到图纸上，它是设计师与施工方对话的桥梁与载体。

明代造园家计成在他所著《园冶》中谈到"虽由人作，宛自天开"，以种植设计为例，中国自然山水园林的植物造景是以大自然的地方植物群落、植被类型为原型的，再结合城市的地质、土壤、空气、水文、生物圈、气候条件因地制宜而布局的，植物搭配后的季相景观、林冠线、林缘线、透景线等能体现优美的园林的画境与意境，而这种"以造化为师"的植物造景手法对于施工图设计要求很高，设计师在布置二维平面的植物组团时一定要有多维空间概念。所以园林施工图是工程技术与空间艺术美学结合的设计图。

《图解园林施工图系列》包含了基本园林要素的工程做法，制图标准，表达清晰，构造科学，对于从事这一学科的各方人员提供了很好的专业参考资料。希望有更多的人能从中获益，将我们的生产、生活环境建设得更美好。

孙筱祥

2009 年 6 月 18 日

序　二

《易经·系辞》中有"形而上者谓之道，形而下者谓之器"一语，形象地表达了园林工程设计图的内涵，一方面，园林讲究视觉的愉悦，从而引发心灵的感知，所以园林是"无声的诗、立体的画"，在中国传统哲学理念上深得"人与天调，天下之大美生"之"道"，任何设计，先有道而有方案设计，是谓"形"；另一方面，现代园林工程的营造建设，是构成视觉美的物质基础，在尊重科学、实事求是的今天，方案成"形"之后，施工图的筚路蓝缕、深化解析是构成最终之"器"的前提，施工图表达要求科学、实用、清晰。

施工图的绘制者要讲科学、讲方法，同时要有很高的审美素养，很扎实的心智，才能完成从图纸之"形"蜕变为落地之"形"的解析，在园林行业发展突飞猛进的今天，很多人心态浮躁，不切实际的方案图满天飞，罔顾施工的可实施性，这就是缺乏施工图训练的表现。这套丛书的出版，是深圳市北林苑集多年的经验、智慧，奉献给广大从事园林设计的从业者的结晶，希望每个人都能从中获益。

2009 年 6 月 10 日

前　言

随着社会发展的需要，环境美已成为当今城市生活迫切需要的必然趋势。风景园林设计是与城市规划、建筑学并列的三大学科之一，是自然与人文科学高度综合的一门应用性学科。施工图设计是继方案和初步设计阶段之后重要的实施设计文件，是完成最初设计方案构思的终结语言和指令，所以施工图的表达必须要达到全面性、完整性和准确性，并应符合相应的法规和规范。本系列丛书以大量的实际工程施工图为基础，分别详解园林施工图设计的几个主要内容包括设计步骤、设计方法和技巧，以及应遵守的有关法规、规范条文的做法。本书共分7个分册。

1　总图设计　　　　　　5　种植设计

2　铺装设计　　　　　　6　园林设计全案图（一）

3　单体设计　　　　　　7　园林设计全案图（二）

4　园林建筑设计

目 录

1 概 述 ……………………………………… 1

2 住宅小区工程施工图 ……………………… 2
   2.1 园林专业 …………………………………… 2
   2.2 绿化种植专业 …………………………… 82
   2.3 建筑专业 ………………………………… 98
   2.4 结构专业 ………………………………… 113
   2.5 给水排水专业 …………………………… 158
   2.6 电气专业 ………………………………… 169
   2.7 现场实景照片 …………………………… 182

1 概 述

园林工程设计是由园林、种植（绿化）、建筑、结构、给水排水、电气等6个专业组成，具有交叉作业、综合协调的特点。互提资料是工程设计过程中的重要环节，各专业间及时、认真负责、正确地互提资料是减少错、漏、碰、缺，保证设计质量的有效措施。专业间互提资料是通过专业间技术接口，实现设计输入的一个必要条件。使输入设计内容准确有效，达到应有的深度，从而使各专业完成的各阶段设计文件达到《建筑场地园林景观设计深度规定》的要求。

本册展示住宅小区类景观工程设计的全部6个专业的施工图纸。

2 住宅小区工程施工图

以某住宅小区环境设计工程施工图为例，包括园林专业，绿化（种植）专业、建筑专业、结构专业、给水排水专业、电气专业的施工图及现场实景照片。

2.1 园林专业

住宅小区园林专业图纸目录（一）

施工图设计出图状态表

工程编号	工程名称	出图专业 各专业出图状态					备注
		园施	绿施	结施	水施	电施	
BL200356	住宅小区环境条件	○	○	○	○	○	

注：状态一栏中，●表示已发图纸，○表示现发图纸，□表示待发图纸，空白表示此专业不出图。

园林专业目录

序号 SERIAL No.	图纸名称 TITLE OF DRAWINGS	图号 DRAWN No.	附注 NOTE
1	园林专业图纸目录(一)	园施(01)	
2	园林专业图纸目录(二)	园施(02)	
3	硬质景观设计总说明(一)	园施(03)	
4	硬质景观设计总说明(二)	园施(04)	
5	硬质景观设计总说明(三)	园施(05)	
6	总平面索引图	园施(06)	
7	总平面竖向图	园施(07)	
8	总平面定位图	园施(08)	
9	主入口水景平面定位图	园施(09)	
10	主入口水景平面索引图	园施(10)	
11	主入口水景平面竖向图	园施(11)	
12	入口水景立面图	园施(12)	
13	入口水景剖面图	园施(13)	
14	入口水景放大详图(一)	园施(14)	
15	入口水景放大详图(二)	园施(15)	

续表

序号 SERIAL No.	图纸名称 TITLE OF DRAWINGS	图号 DRAWN No.	附注 NOTE
16	入口水景放大详图(三)	园施(16)	
17	主入口景观亭平台平面图	园施(17)	
18	景观亭平台剖面图	园施(18)	
19	水溪桥一平面、剖面图	园施(19)	
20	水溪桥二平面图	园施(20)	
21	花钵一、二立面图	园施(21)	
22	花钵三立面图、花钵标准剖面图	园施(22)	
23	树池一平、立、剖面图	园施(23)	
24	吐水景墙标准段立面展开图、步石详图	园施(24)	
25	吐水景墙剖面图(一)	园施(25)	
26	吐水景墙剖面图(二)	园施(26)	
27	流水景墙详图	园施(27)	
28	流水景墙立面图、主入口挡墙剖面图	园施(28)	
29	主入口水景二剖面图(一)	园施(29)	
30	主入口水景二剖面图(二)	园施(30)	
31	主入口水溪泵坑剖面图	园施(31)	
32	双层盖板详图	园施(32)	
33	主入口台阶剖面图(一)	园施(33)	
34	主入口台阶剖面图(二)	园施(34)	
35	游泳池平面索引图	园施(35)	

工程设计出图专用章

防火设计自审小组审核专用章

注册章

会签 COORDINATION		
专业 SPECLALITY	姓名 NAME	签字 SIGN
总图 MASTER PLAN		
园林 LANDSCAPE		
种植 PLANT		
建筑 ARCHI.		
结构 STRUCI		
给排水 PLUMBING		
电气 ELEC.		
暖通 HVAC		

职责 RESPONSIBILITY	姓名 NAME	签字 SIGN
审定 EXAMINED		
审核 CHECKED		
项目负责 PROJ. CAPTAIN		
专业负责 SPECLAL FIELD		
校对 1st CHECKED		
设计 DESIGN		
绘图 DRAWING		
方案负责 SCHEMAIC DESIGN		

建设单位 CLIENT			
工程名称 PROJECT			
工程编号 PROJ. No.			
图名 TITLE			
版次 EDITION		比例 SCALE	
设计阶段 DESIGNSTAGE		日期 DATE	
专业 SPECIALTY		图号 DWG. No.	

图 2-1 住宅小区园林专业图纸目录（一）——园施（01）

住宅小区园林专业图纸目录（二）

续表

序号 SERIAL No.	图纸名称 TITLE OF DRAWINGS	图号 DRAWN No.	附注 NOTE
36	游泳池平面定位图	园施(36)	
37	游泳池平面竖向图	园施(37)	
38	休闲木栈道一平面图	园施(38)	
39	休闲木栈道二平面图	园施(39)	
40	砂坑做法详图、岸边平台剖面图	园施(40)	
41	木平台、安全胶垫、孔雀基座剖面图（一）、（二）详图	园施(41)	
42	树池三、踏步、坡道详图	园施(42)	
43	游泳池驳岸剖面（一）、（二）	园施(43)	
44	吐水水景平面图	园施(44)	
45	吐水水景立面图	园施(45)	
46	吐水水景详图	园施(46)	
47	儿童游泳池平面图	园施(47)	
48	儿童游泳池详图	园施(48)	
49	游泳池木栈道剖面图	园施(49)	
50	钢爬梯、游泳池直线、弧线驳岸详图	园施(50)	
51	游泳池纵剖面图、水溪剖面图	园施(51)	
52	水溪嵌块石驳岸、水溪跌水剖面图	园施(52)	
53	水溪花池纵剖面图	园施(53)	
54	平衡池详图	园施(54)	
55	游泳池卵石铺装详图	园施(55)	
56	游泳池景桥详图（一）	园施(56)	
57	游泳池景桥详图（二）	园施(57)	

续表

序号 SERIAL No.	图纸名称 TITLE OF DRAWINGS	图号 DRAWN No.	附注 NOTE
58	水溪景桥三详图	园施(58)	
59	景观柱详图	园施(59)	
60	2.00m、3.00m高景墙立面图	园施(60)	
61	2.00m、3.00m高景墙剖面图	园施(61)	
62	水溪吐水雕塑基座、截水沟详图	园施(62)	
63	园路三详图	园施(63)	
64	水溪台阶花池横剖面图、驳岸剖面图	园施(64)	
65	栏杆标准段详图，台阶标准做法一、二剖面图	园施(65)	
66	亲子乐园平面索引图	园施(66)	
67	亲子乐园平面定位图	园施(67)	
68	亲子乐园平面竖向图	园施(68)	
69	花岗石凳、吐水景墙详图	园施(69)	
70	铺装三，园路一、二详图	园施(70)	
71	采光井详图	园施(71)	
72	树池二详图	园施(72)	
73	休闲场地平面索引图	园施(73)	
74	休闲场地竖向及定位平面图	园施(74)	
75	休闲场地铺装、树池详图	园施(75)	
76	1.80m高景墙详图	园施(76)	
77	条石、休闲场地台阶剖面图（一）、（二）详图	园施(77)	
78	园路、消防车道做法详图	园施(78)	
79	休闲场地步石、特色铺装详图	园施(79)	
80	装饰灯、植物化石柱详图	园施(80)	

图 2-2 住宅小区园林专业图纸目录（二）——园施（02）

硬质景观设计总说明（一）

一、总则

1. 设计依据：
   (1) 建设单位提供的设计任务书（或委托书）。
   (2) 建设单位认可的设计方案。
   (3) ＿＿建筑设计公司提供的建筑图，总图。
   (4) ＿＿提供的地质勘查报告。＿＿以及边坡稳定性报告。
   (5) ＿＿提供的园区内/外市政道路图，水电管网图。
   (6) 国家现行规范，规定与标准：
   《公园设计规范》CJJ 48—92
   《城市绿地设计规范》GB 50420—2007
   《城市道路和建筑物无障碍设计规范》JGJ 50—2001 J114—2001
   《城市道路绿化规划与设计规范》CJJ 75—97
   《城市用地竖向规划规范》CJJ 83—99
   《建筑场地园林景观设计深度及图样》06SJ805
   《风景园林图例图示标准》CJJ 67—95
   《城市居住区规划设计规范》GB 50180—93

2. 设计范围：本次设计范围包括＿＿小区＿＿期环境设计，总占地面积＿＿m^2，环境设计面积＿＿m^2。

3. 本工程采用甲方提供的当地城市坐标系统和绝对标高。红线标高及景观部分定位详见＿＿图。本图中所指标高均为完成面标高（或尺寸）。

4. 本工程图纸所注尺寸除总平面及标高以米（m）为单位外，其余均以毫米（mm）为单位。

5. 本图须与总图、绿化、建筑、结构、给水排水、电气、通风、动力、燃气等有关专业图纸同时配合施工。预先做好施工组织设计，在时间和空间上应有足够的计划安排。

6. 所有材料须有国家或部、省、市认可的产品合格证，替代品必须得到有关部门批准方可使用。

7. 施工应按设计图施工，如有改变，需征得设计单位及有关部门批准。

8. 所有外装饰材料色彩需先做小样，经甲方及设计单位认可方可大面积施工，凡铺贴在水泥砂浆面上的石材其背面涂刷"石材处理剂"一道（市场成品）以防泛浆，污染石材面。

9. 地下管线应在绿化施工前铺设，功率在100W以上的灯具离植物的距离应大于1m。

10. 严禁施工现场拌制混凝土、砂浆，必须按规定使用预拌混凝土、砂浆。

11. 未详尽处施工应按国家及本地区现行有关施工规范进行施工。

12. 绿化种植按种植说明进行施工。

13. 防洪：处于山区地形的地段，周围首先应设排洪渠道。截洪沟的断面应根据地形的汇水面积与当地最大暴雨量计算公式的计算值而定。确保本地块安全度汛。

二、施工要求

1. 基层做法：
   (1) 所有的基础均应置于老土层以下。地下水位较高的路段以及其他过分潮湿的路段不宜直接铺筑灰土基层。否则应在其下设置隔水垫层，防止水分浸入土基层。
   (2) 土质路基压实度标准

   土质路基压实应采用重型击实标准控制。确有困难时，可采用轻型击实标准控制。土质路基的压实度不应低于下表的规定。

   无车辆通行的广场、道路、人行道按下表"支路"标准执行。有小车、轻型车通行的按"次干道"标准执行。

   土质路基压实度

填挖类型	深度范围（cm）	压实度（%）		
		快速路及主干路	次干路	支路
填方	0～80	95/98	93/95	90/92
	>80	93/95	90/92	87/89
挖方	0～30	95/98	93/95	90/92

   注：1. 表中数字，分子为重型击实标准，分母为轻型击实标准。两者均以相应的击实试验法求得的最大干密度为100%。
   2. 表列深度范围均由路槽底算起。
   3. 填方高度小于80cm及不填不挖路段，原地面以下0～30cm范围内土的压实度不应低于表列挖方要求。

   基层料南方常用二灰基料，为石灰、粉煤灰、碎石，一般配比为10∶20∶70，或8∶12∶80以及6%的水泥石粉渣。（体积比）

2. 砖、石及混凝土施工：除注明者外砖砌体用MU 10砖、M5水泥砂浆，不得使用普通实心黏土砖。可选用混凝土块，各类烧结空心、实心砌块，各类蒸压空心、实心砌块。用于基础及承重的砌块不得使用轻质混凝土砌块。替代黏土实心砖的承重砌块宜选用烧结空心砌块。

3. 各类金属件：
   (1) 材料：圆钢、方钢、钢管、型钢、钢板采用Q235B钢，钢筋采用HPB235级钢，不锈钢应符合国家有关标准，钢和不锈钢之间的焊接采用不锈钢焊条。
   (2) 焊接及焊接材料应符合《建筑钢结构焊接技术规程》JGJ 81—2002的有关技术规定。电焊条选用E4303的手工电弧条型号。焊缝应满焊并保持焊缝均匀，不得有裂缝、过烧现象，外露处应锉平、磨光。焊缝的高度为8mm，焊缝长度见各大样。安装后不应有歪斜、扭曲、变形等缺陷。

图 2-3 硬质景观设计总说明（一）——园施（03）

硬质景观设计总说明（二）

(3) 各金属构件表面应光滑、平直、无毛刺。无铁锈，无油污及附着在构件表面的杂物。

(4) 钢板制作的装饰件应保持边角整齐、切割部位须锉平磨光，不得留有切割痕迹和毛刺。

(5) 各种机加工件，要求尺寸精确，表面光洁。

(6) 钢构件表面装饰及防腐处理：各种钢构件在油漆前应进行彻底的除锈处理。

(7) 油漆：对室外各构件的油漆做法，除图纸中另有注明者外，均按地上建筑做法说明中的做法。

① 金属构件：钢刷除锈、磨去毛刺、湿布擦净、涂硝基底漆一遍。刮5p基腻子一遍。填补麻点，凹痕，划痕，砂纸磨平。喷硝基漆处用色漆数遍至颜色均匀，膜面平整，水砂纸打磨，喷亚光硝基外用清漆（Qn11型）罩面颜色另定。

② 木材：喷清油两遍，第一遍采用生油（未炼制，未加催化剂的干性油）；待油已完全渗入木材而尚未完全固化前，喷第二遍清油（Yoo-1型），待其干燥后，用砂纸顺木纹方向磨除表面漆膜。

注意：所有油料需经脱色处理，颜色为淡色透明。

(8) 预埋铁件应进行防锈处理。外露钢材宜采用热镀锌处理。

4. 常用木材防腐，防虫、防白蚁及防火处理：（择优顺序1至2至3排列）。

所有木构件建议用进口优质落叶松，最好用进口成品防腐木材。

(1) 铜铬合剂（水溶性）常温浸渍或加压浸注。处理温度不宜超过76℃，无臭味，木材处理后呈绿褐色，不影响油漆工序，遇水不易流失，按12kg/m³剂配制。配合比（%）为硫酸铜5.6，重铬酸钠（或重铬酸钾）8.65，醋酸0.25，水85.5。

(2) 仅用于埋入地下部分的木材。强化防腐油（油类）适用于南方腐朽及白蚁严重地区，有臭味，呈黑色，涂后不能再刷油漆，遇水不会流失，药效持久，配合比（%）：混合防腐油（或蒽油）94，五氯酚5，狄氏剂（或林丹，氯丹），涂刷方法按0.5～0.6kg/m²。

(3) 也可以用水溶性氟化钠、硼铬合剂、氟砷铬合剂；油溶性的林丹、五氯酚合剂；油类的混合防腐油；浆膏类的沥青浆等处理。应视当地情况，防白蚁、日照、温湿程度用常温浸渍，热或冷槽浸渍以及加压浸渍等方法处理，并根据厂方规定的剂量配制。

5. 防护：

(1) 防滑：凡是光滑的地面材料（如玻璃、卵石铺装）坡度必须小于0.5%。

(2) 人流密集的场所台阶高度超过0.60m并侧面临空时，应有防护设施，护栏应结实、牢固，竖向力和顶部能承受大于1.0kN/m的侧向推力。

(3) 桥面、栈道边缘如是悬空的部位，为防止物品滚入和拐杖滑入，边缘应有高起至少50mm的挡边。

(4) 亭、廊、花架、敞厅等供游人坐憩之处，不采用粗糙饰面材料，也不采用易刮伤肌肤和衣物的构造。

(5) 任何有人活动的场所，在高度2m以下范围不得有尖锐的构筑物、石材、金属饰品等。应做成钝角或圆角，以防伤人。

(6) 凡有儿童出入场所的栏杆必须采用防止儿童攀登的构造：竖向杆件净距不应大于0.11m。横向杆件顶部扶手应向内凸出，使攀爬儿童重心不易翻出外沿。

(7) 硬地人工水体的近岸（如水池、湖边、溪流等）如未设栏杆，近2m的水深应不大于0.7m；园桥、汀步附近2m范围内水深应不大于0.5m。图上凡未表示的，施工时必须以砂石填高至达到此规定值为止。

6. 防潮、防水：

(1) 凡用砖砌体砌筑的地面构筑物，墙身应设防潮层。

① 防潮层做法20mm厚1:2.5水泥砂浆内掺水泥重量5%的防水剂，或者5mm厚聚合物水泥砂浆。

② 墙身防潮层设置位置：水平方向设于地面下-0.05m处，垂直方向为有高差土层靠土层一侧的墙面。

(2) 为了防积水，室外所有的广场、道路、构筑物顶面、座椅面、围墙顶、饰物品等应有斜面以便排水。其坡度为：排水路径越长，坡度应越小。反之，坡度应越大。在其排水下口做有组织的排水或无组织的散水排放。一般无组织排水指量小的，可以直接排入种植大地。量大的应设计排水口，管道排出。有绿化的地下室顶板，屋顶花园等。板顶最终保护层必须有1%～3%的排水坡，坡向排水口或地下室外侧大地。

(3) 广场排水坡度0.3%～0.5%。道路排水，6m以上宽为双面排水，6m以下为单面排水，2.5m以下可单向直接排入绿地。

(4) 所有的防水材料以迎水面作为第一道防水层设置。其底面做好水泥砂浆找平层，其顶面做好水泥砂浆保护层。防水材料必须经国家或省、部委有关机构认证，应有明确标志、说明书，合格证，经检测机构复检合格后方可使用，质检部门才可验收。严禁在工程中使用不合格材料，多种不同类型的防水材料在复合使用或配合使用时应注意相容性，不得相互腐蚀，相互破坏，起不良物理作用和化学作用。

(5) 地下室顶板，建筑屋面等已做防水层的顶板上严禁再打膨胀螺栓，防止破坏防水层。

图2-4 硬质景观设计总说明（二）——园施（04）

硬质景观设计总说明（三）

7. 变形缝设置：

(1) 混凝土路面（当路面宽度<7m时不设纵向缝）平面如下图所示。

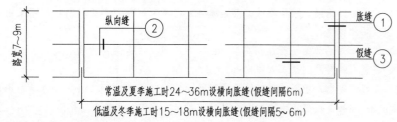

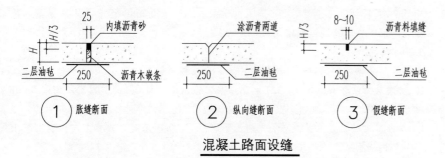

混凝土路面设缝

(2) 铺装的广场、道路、人行道基层处理：

① 设计用松散材料碾压而成的基层（如：三七灰土、石粉渣、级配砂等）不必设缝。

② 为承受较大负荷用刚性的混凝土做基层，应设变形缝：纵横双方向不大于12m，缝宽20mm，内填沥青砂或经沥青处理的松木条。

(3) 铺装面层如用石材，每块石材间冬季施工时留2mm缝，夏季施工时留1mm缝，缝内扫粗砂。

地面不规则石材铺装，除特殊标注外，缝宽均为10～15mm，并勾凹平缝，不规则石材周边须用手工切割并使边缘自然，石材尺寸及勾缝方式如下图所示。

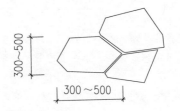

石材铺装勾缝

8. 铺装设计范围内的管井在做铺装井盖时，（有车行的井盖应特别加强）井盖中面层石材拼接应在现场切割，与周边铺装接缝对齐。

9. 围墙（或其他构筑物）长度超过50m时应设变形缝：设双柱，缝宽30mm，内填沥青木丝板，两端沥青胶泥封堵。

10. 粘结水洗石地面做法中需强调的是待结合层水泥砂浆凝固到一定程度（24h后），用刷子将表面刷光，再用水冲刷，直至砾石均匀露明，而水泥砂浆不外露。

11. 人工湖、驳岸、池塘、溪流、跌水等水景做法：视当地水文资料设计防渗或不防渗池底。但无论哪一种做法都必须做好十分坚固的驳岸，驳岸要有防渗漏设施。一般驳岸剖面缓于45°的可视为比较安全，仅设一般防渗层即可，驳岸坡度陡于45°应做混凝土或钢筋混凝土护岸并设防水层。

图2-5 硬质景观设计总说明（三）——园施（05）

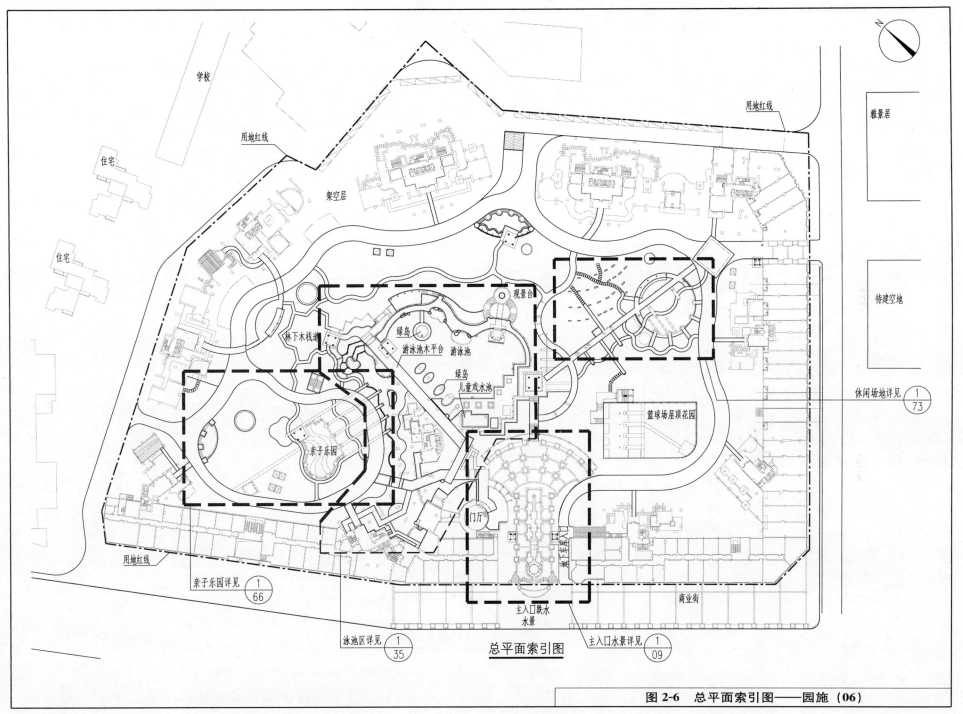

图 2-6 总平面索引图——园施（06）

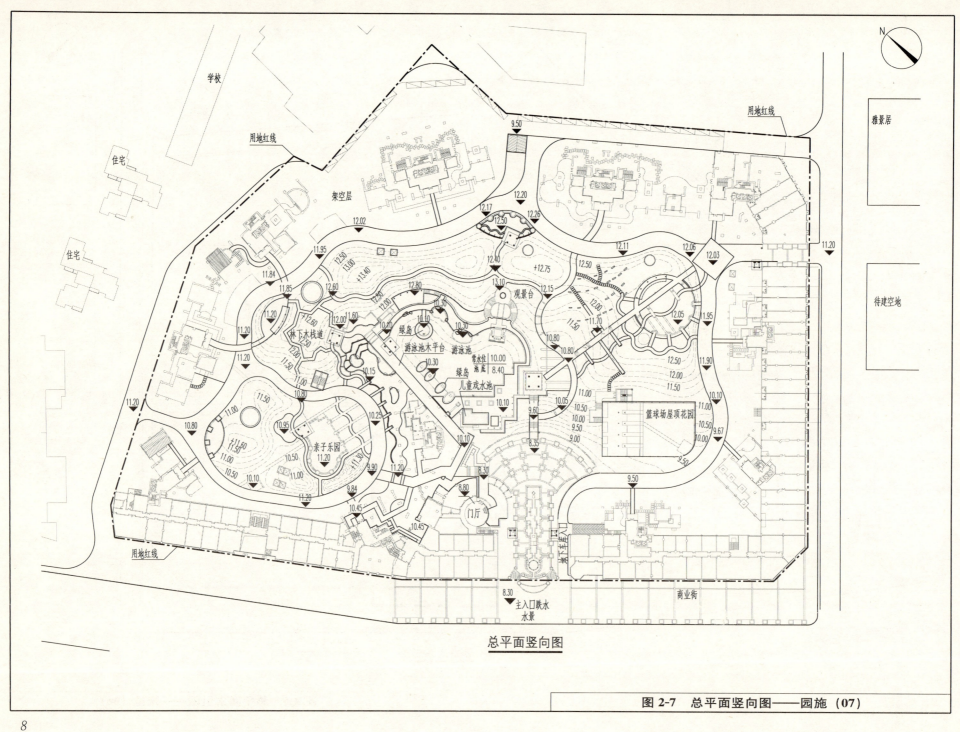

图 2-7 总平面竖向图——园施（07）

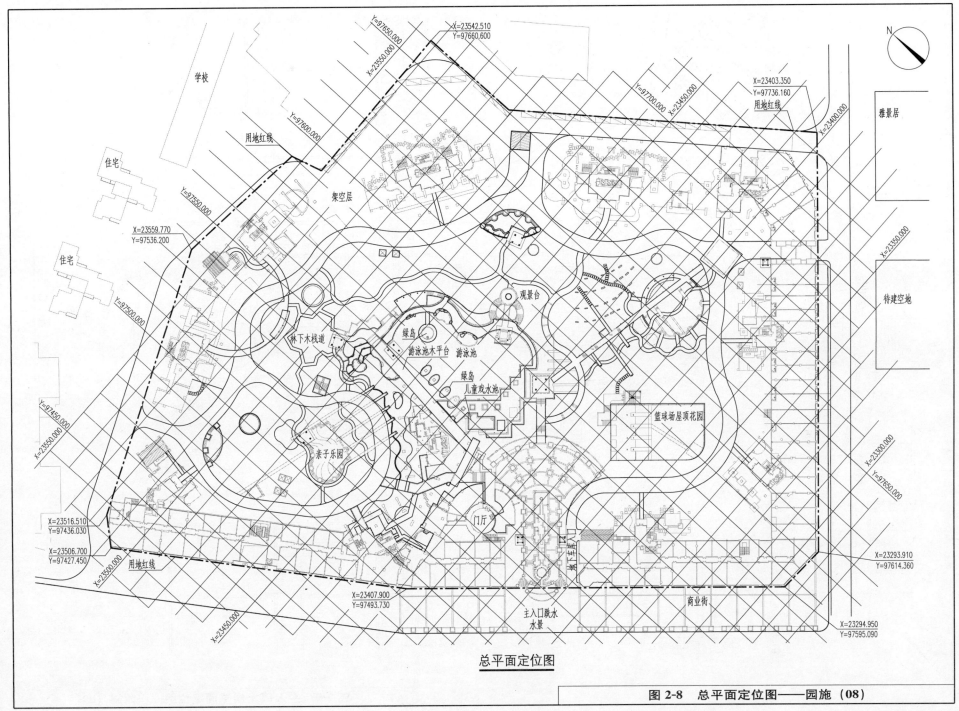

总平面定位图

图 2-8 总平面定位图——园施（08）

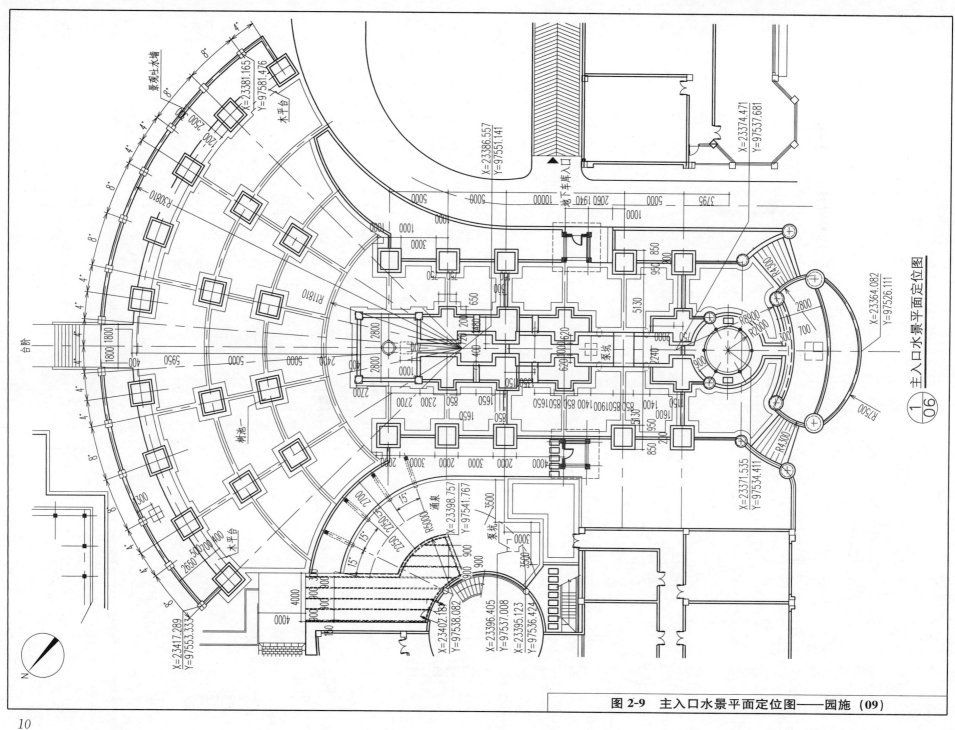

图 2-9 主入口水景平面定位图——园施（09）

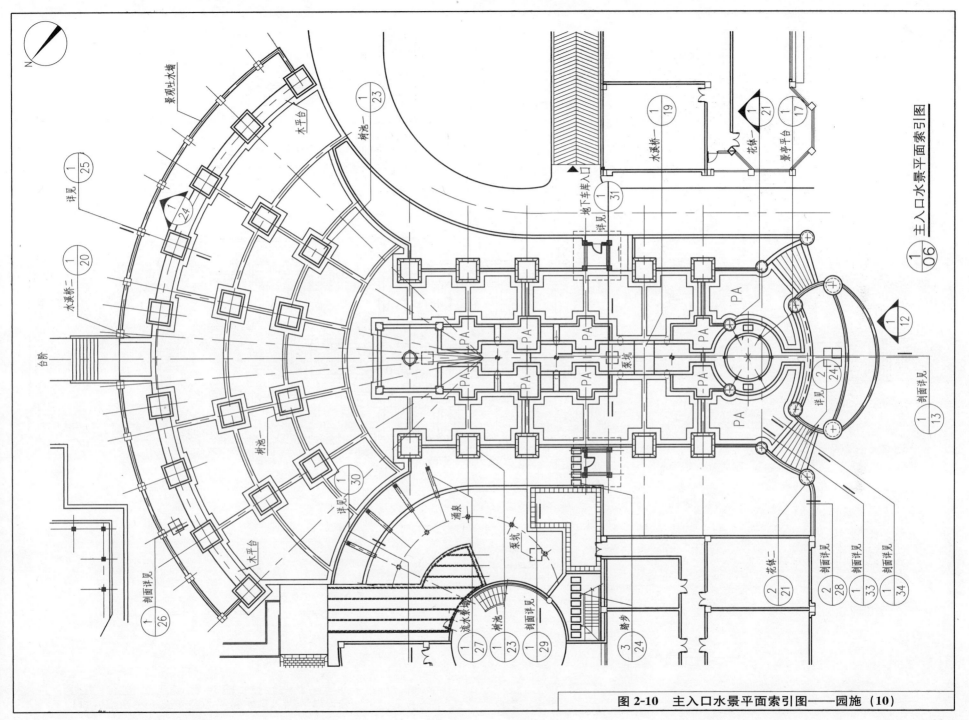

图 2-10 主入口水景平面索引图——园施（10）

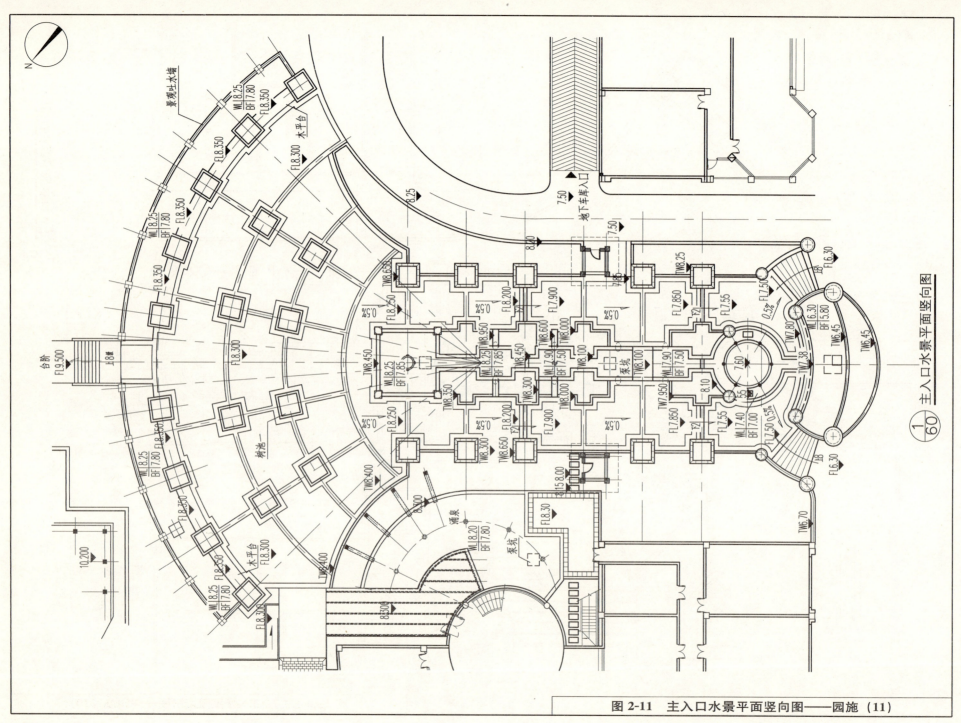

图 2-11 主入口水景平面竖向图——园施（11）

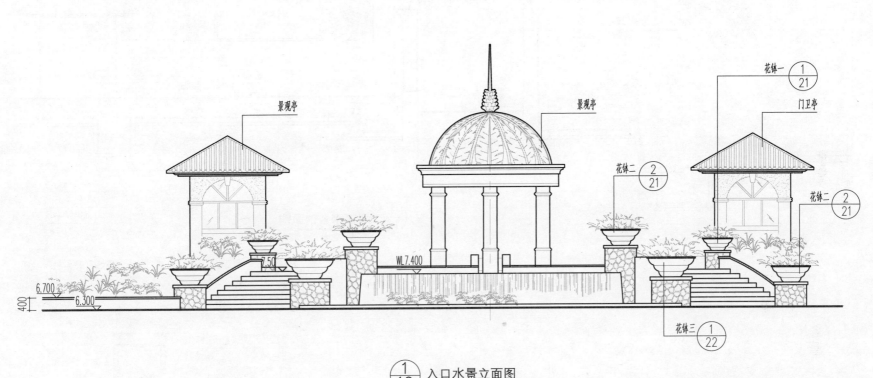

图 2-12 入口水景立面图——园施（12）

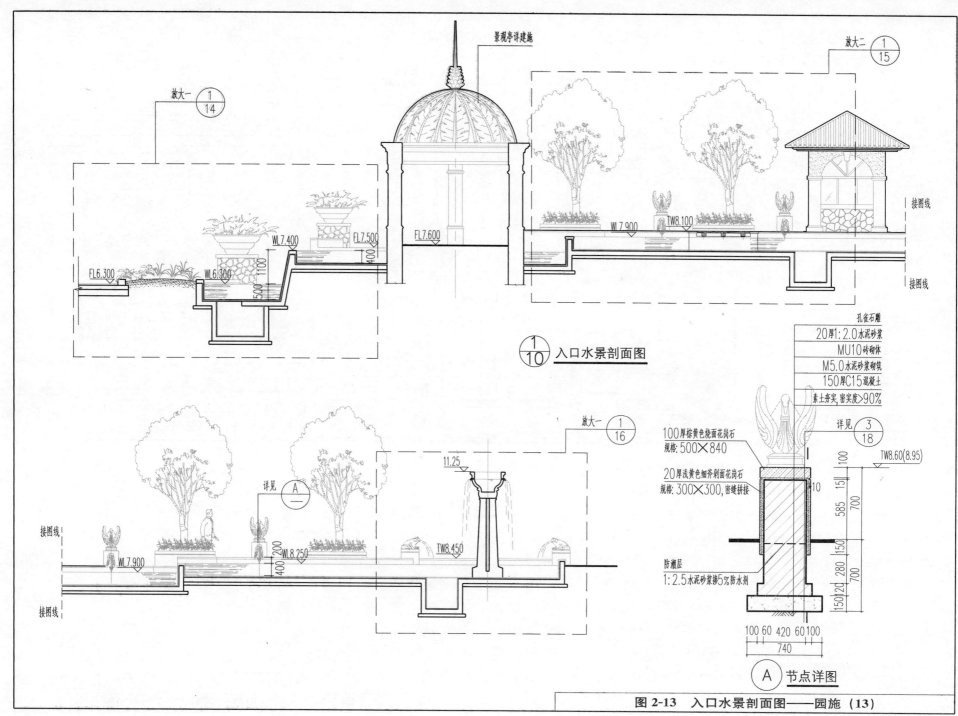

图 2-13 入口水景剖面图——园施（13）

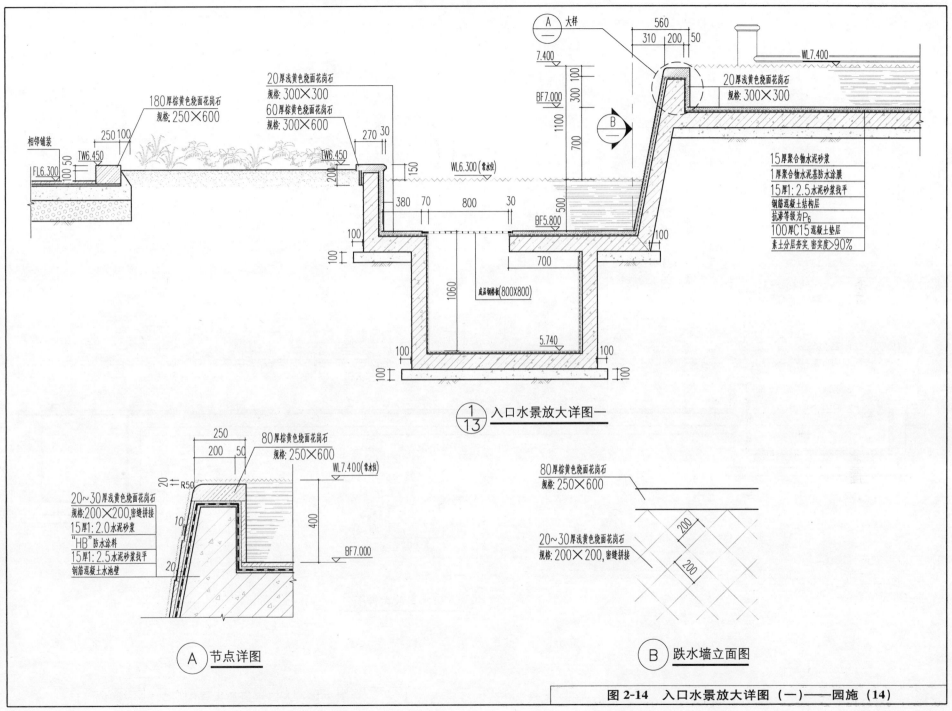

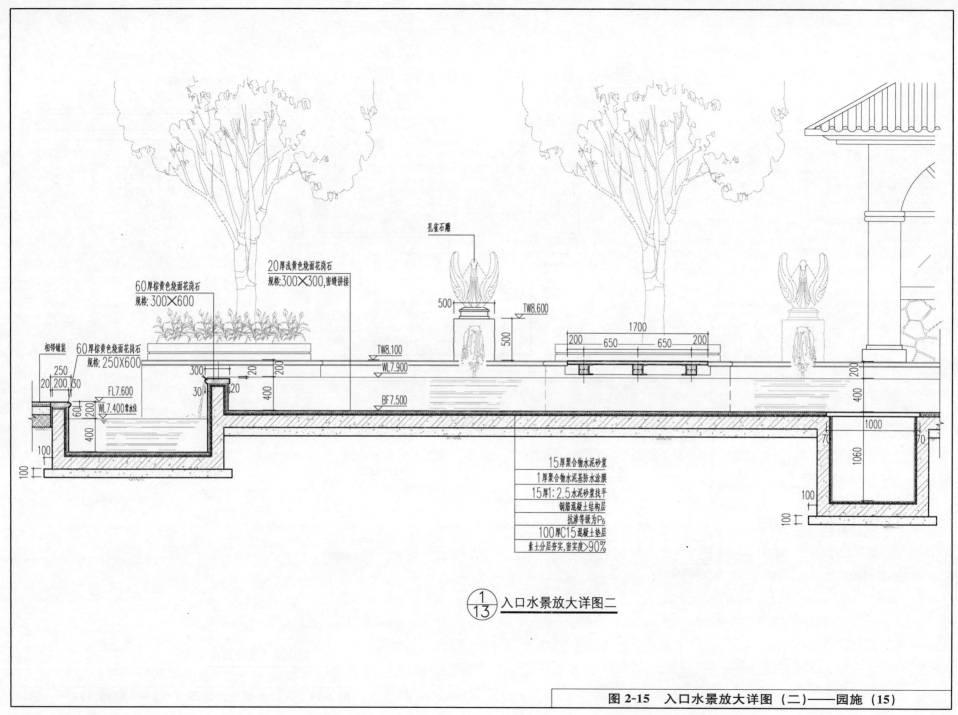

图 2-15 入口水景放大详图（二）——园施（15）

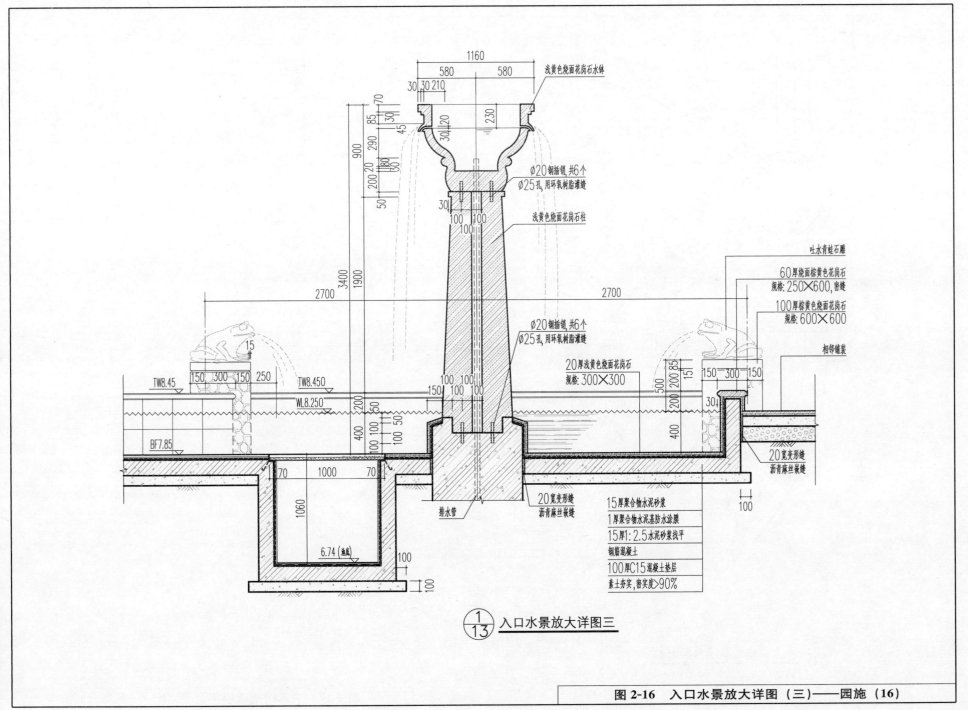

图 2-16 入口水景放大详图（三）——园施（16）

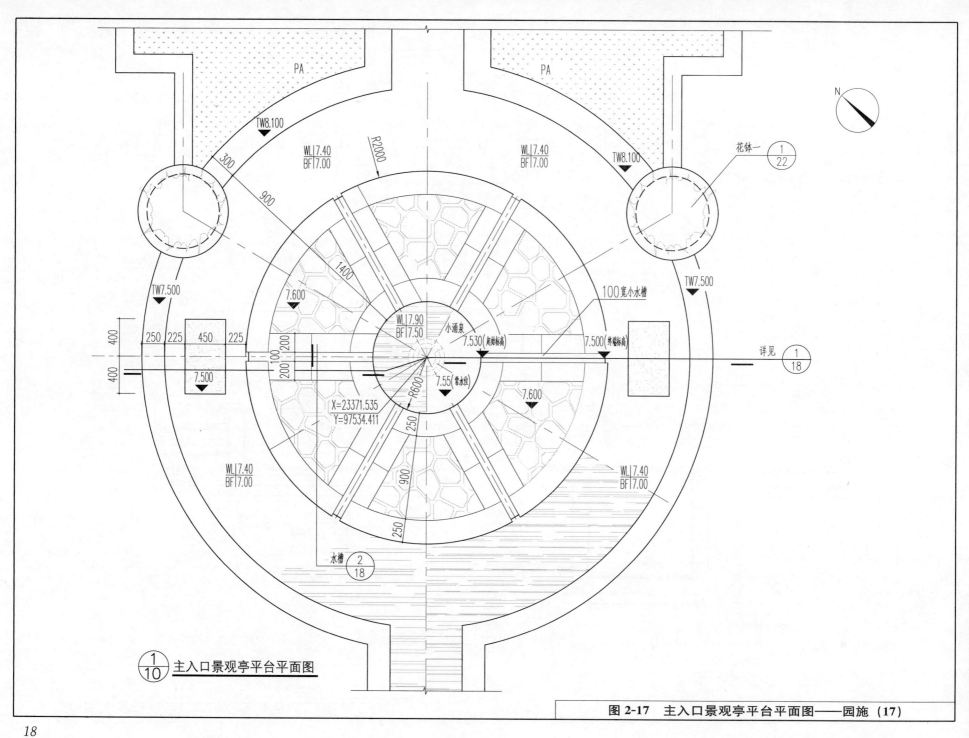

图 2-17 主入口景观亭平台平面图——园施（17）

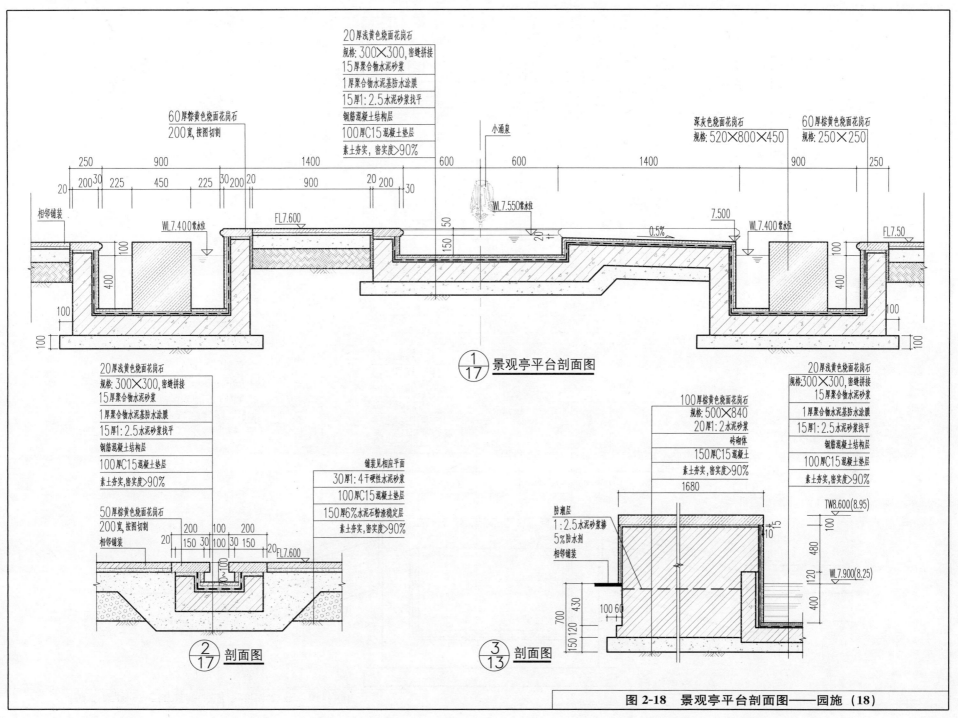

图 2-18 景观亭平台剖面图——园施（18）

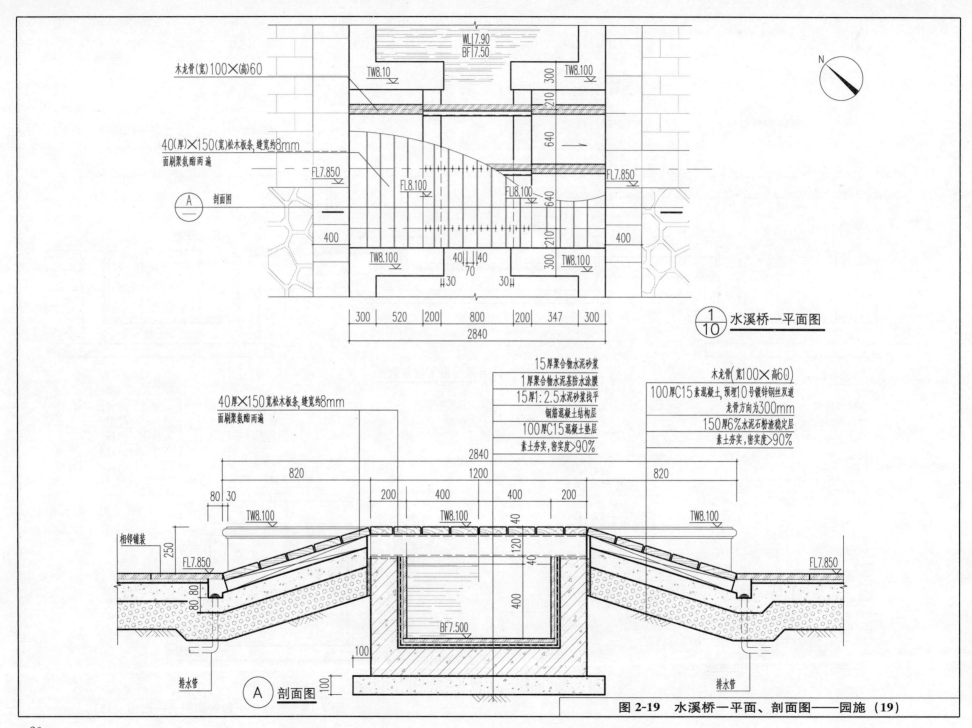

图 2-19 水溪桥一平面、剖面图——园施（19）

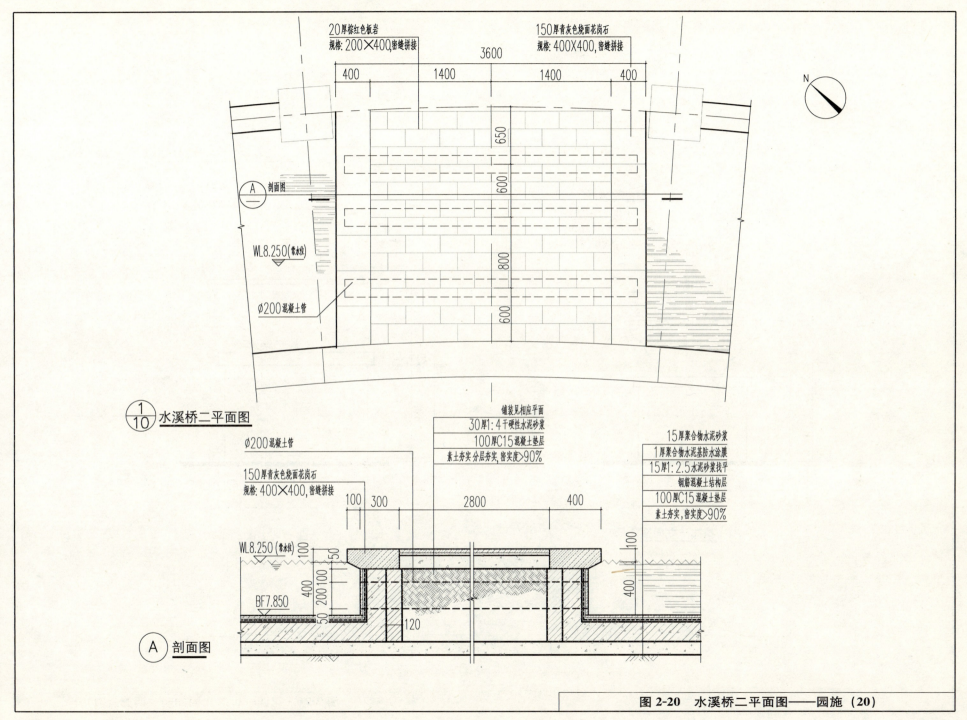

图2-20 水溪桥二平面图——园施(20)

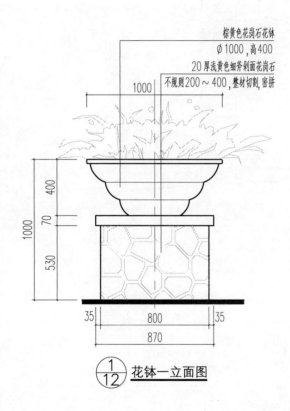
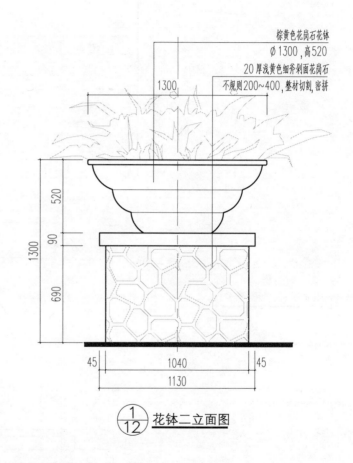

图 2-21 花钵一、二立面图——园施（21）

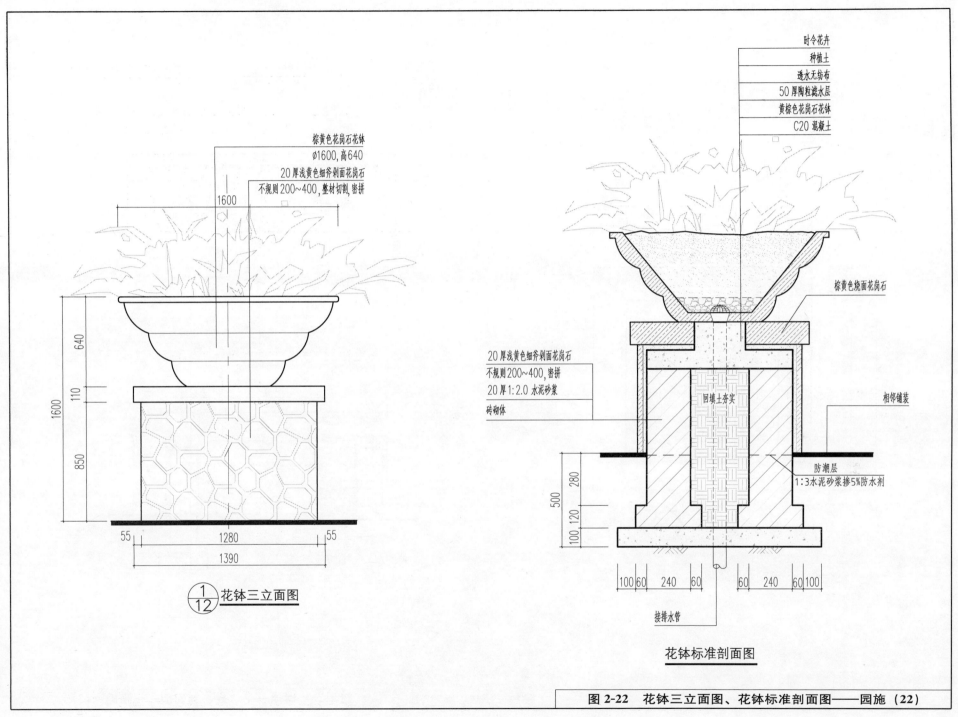

图 2-22 花钵三立面图、花钵标准剖面图——园施（22）

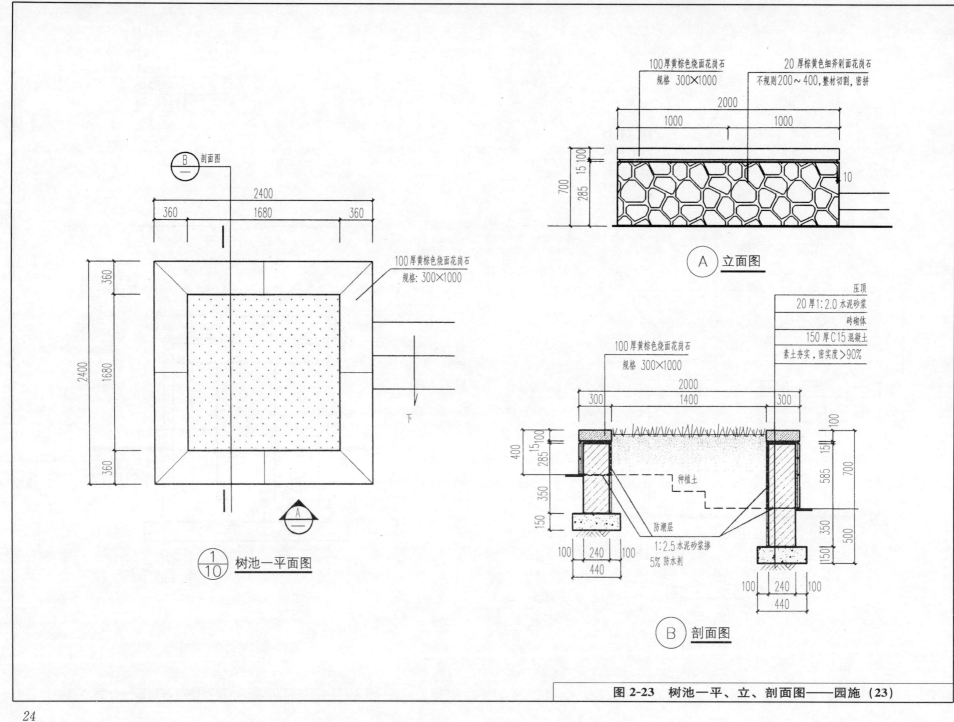

图 2-23 树池一平、立、剖面图——园施（23）

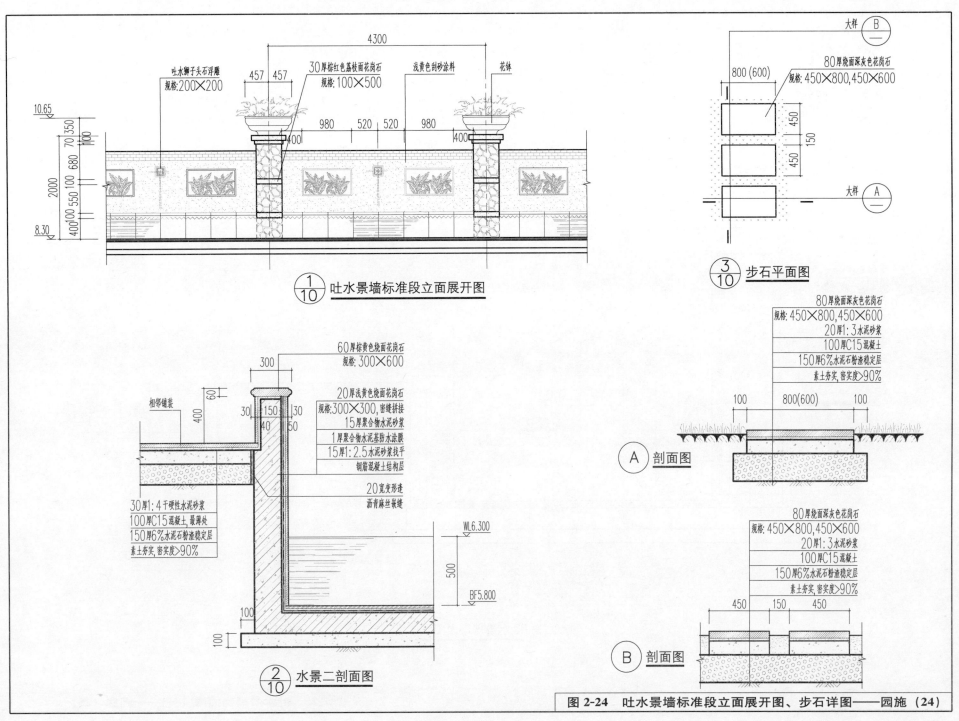

图 2-24 吐水景墙标准段立面展开图、步石详图——园施（24）

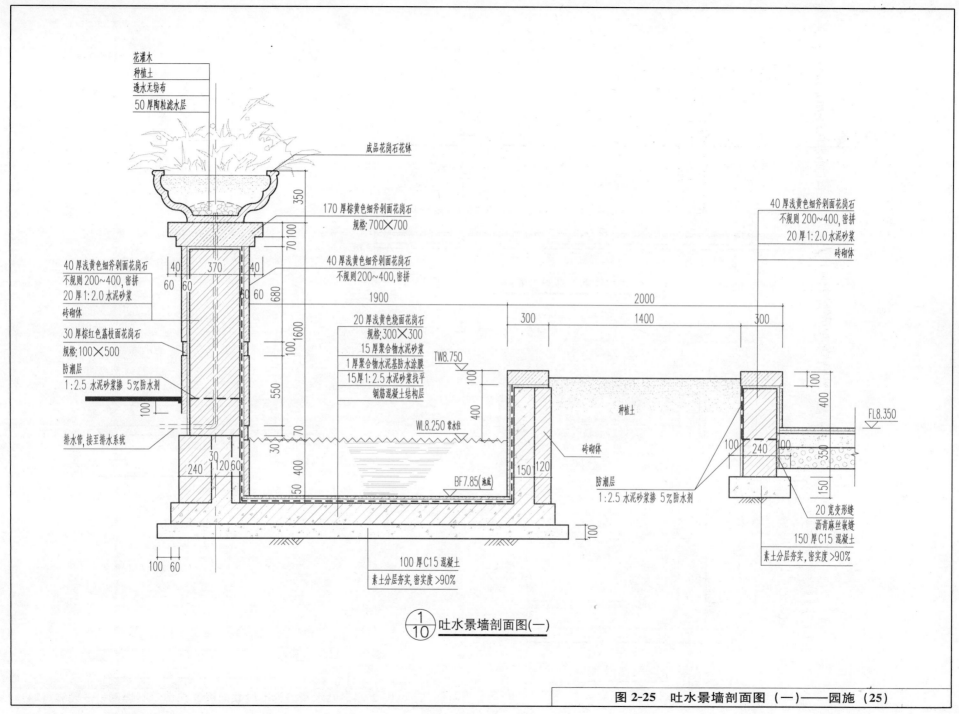

图 2-25 吐水景墙剖面图（一）——园施（25）

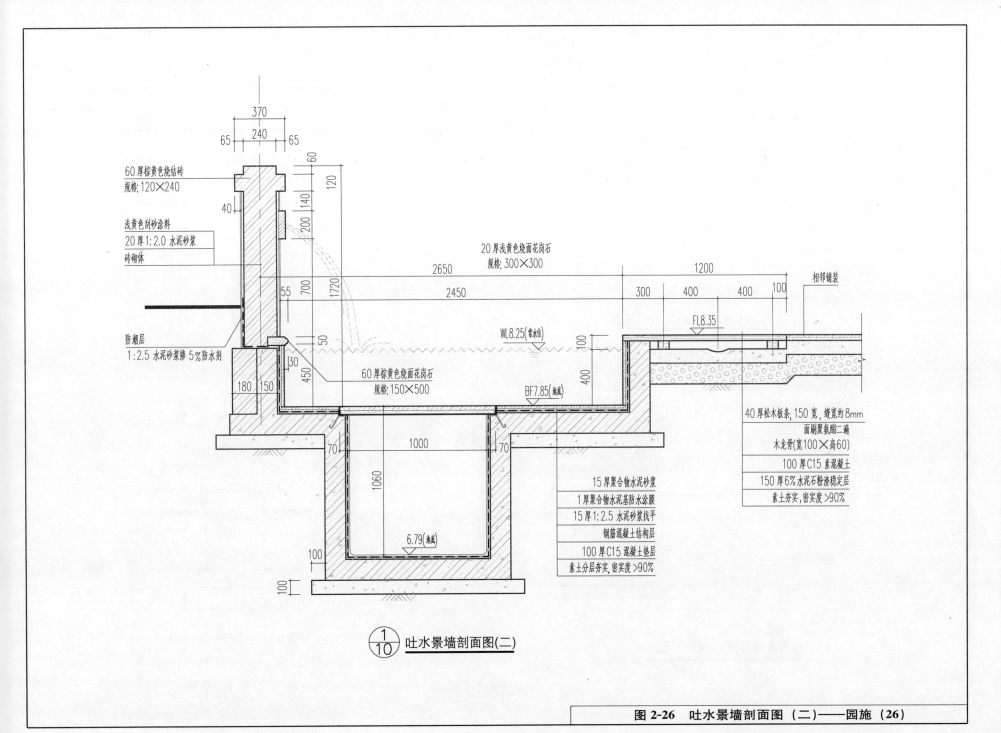

图 2-26 吐水景墙剖面图（二）——园施（26）

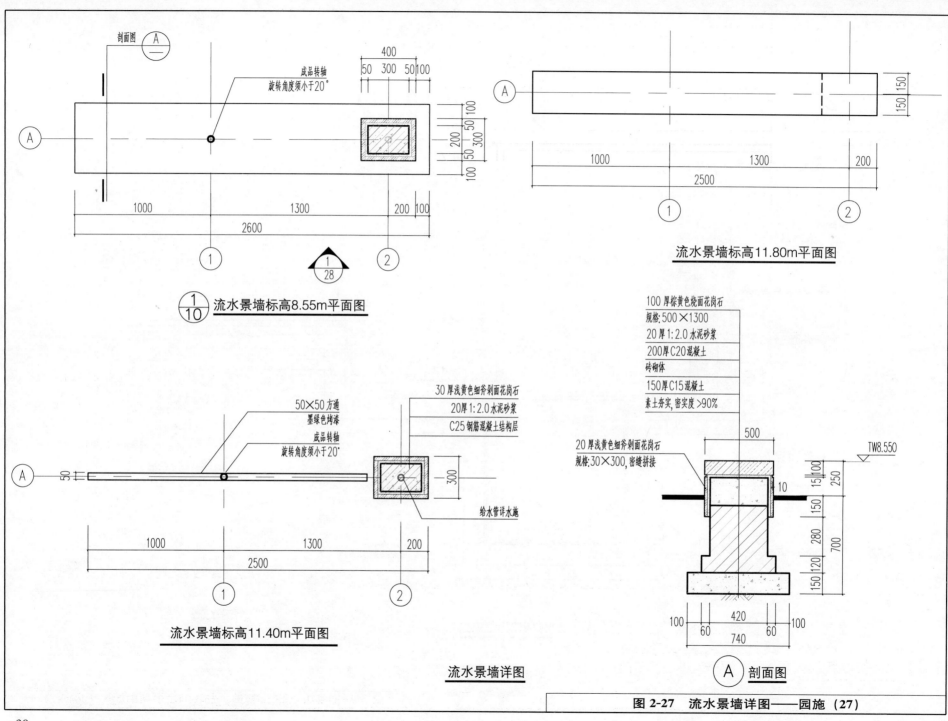

图 2-27 流水景墙详图——园施（27）

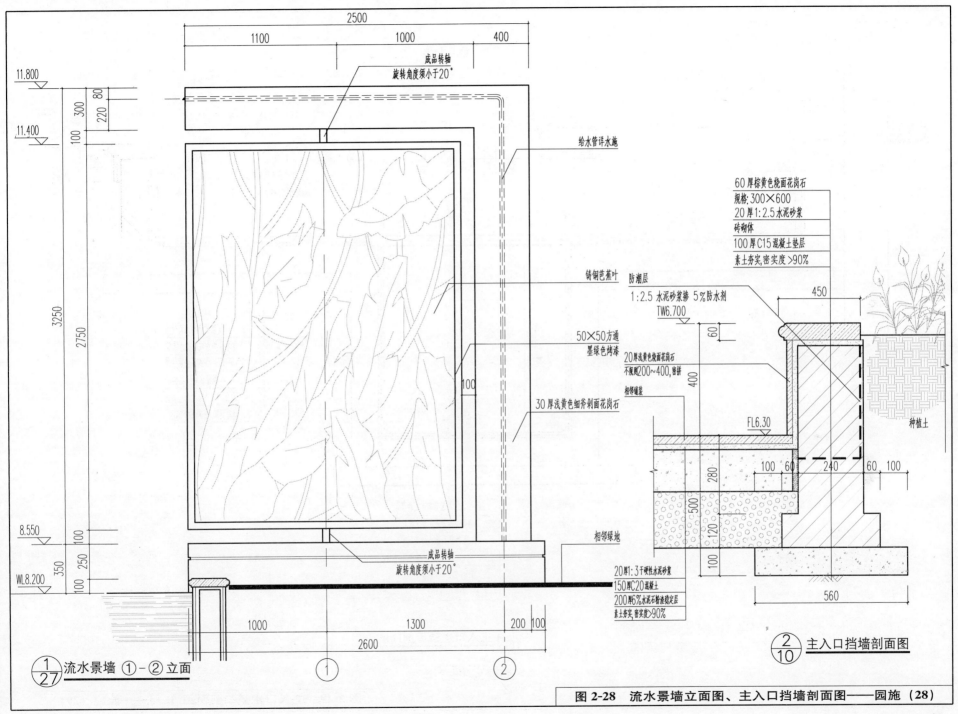

图 2-28 流水景墙立面图、主入口挡墙剖面图——园施（28）

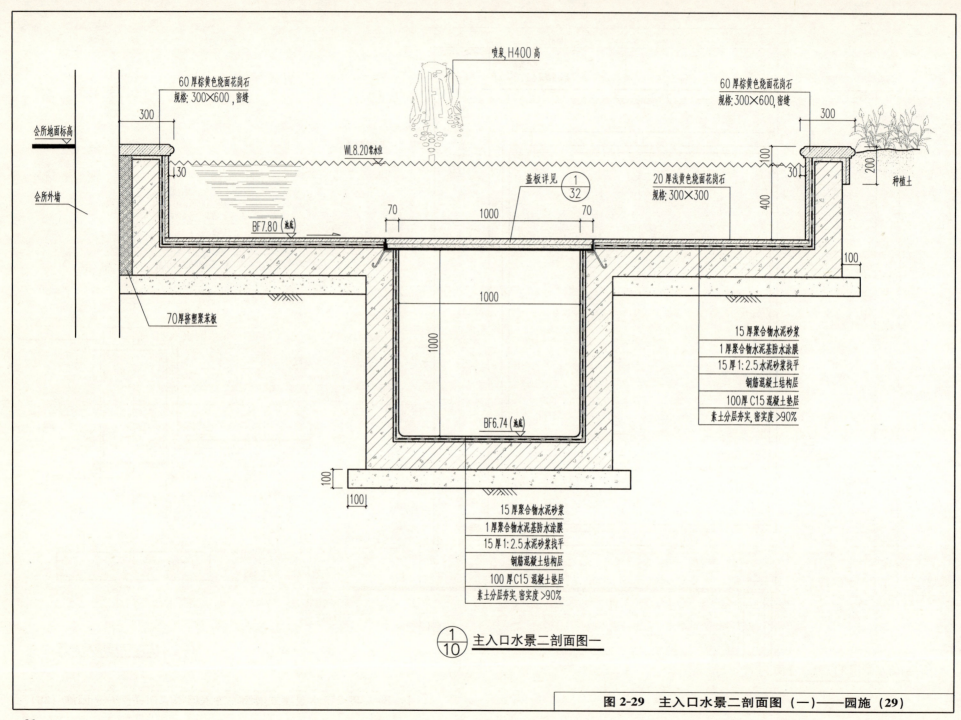

图 2-29 主入口水景二剖面图（一）——园施（29）

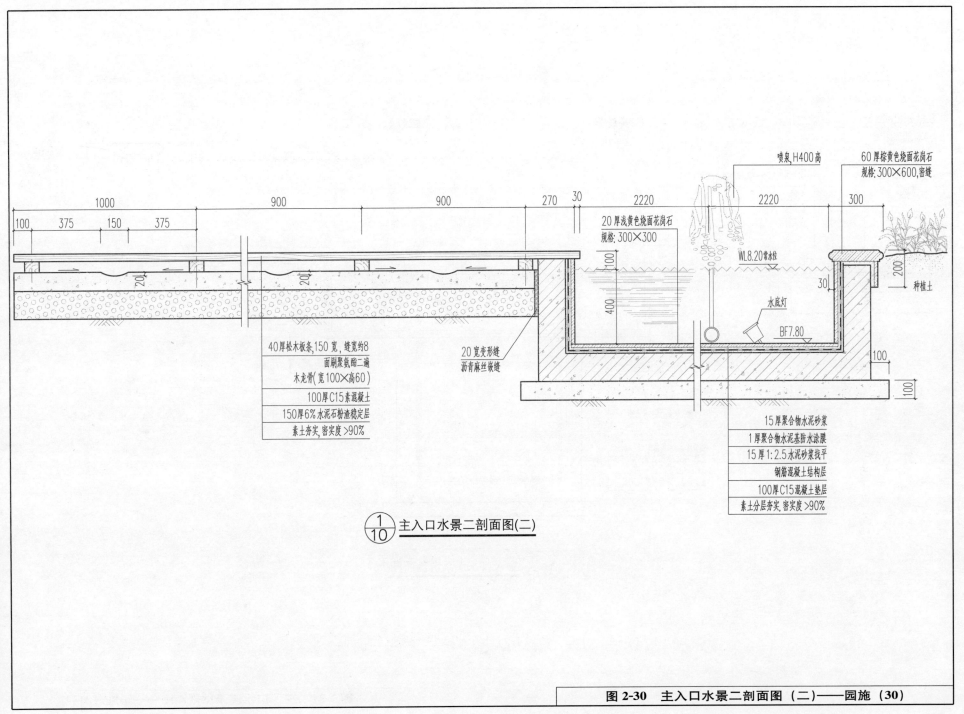

图 2-30 主入口水景二剖面图（二）——园施（30）

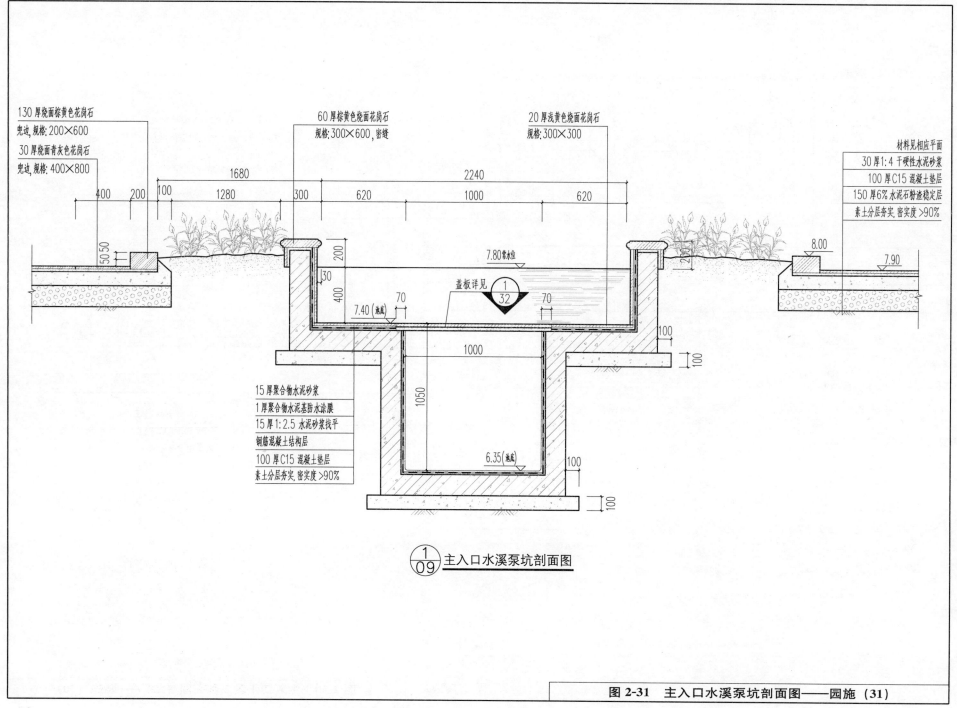

图 2-31 主入口水溪泵坑剖面图——园施(31)

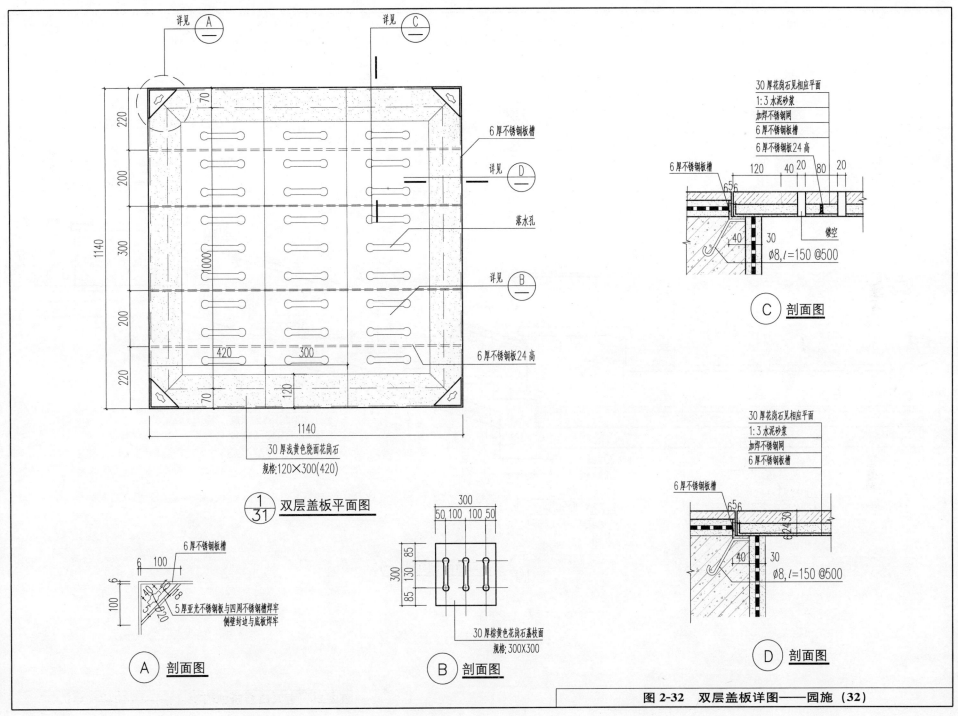

图 2-32 双层盖板详图——园施（32）

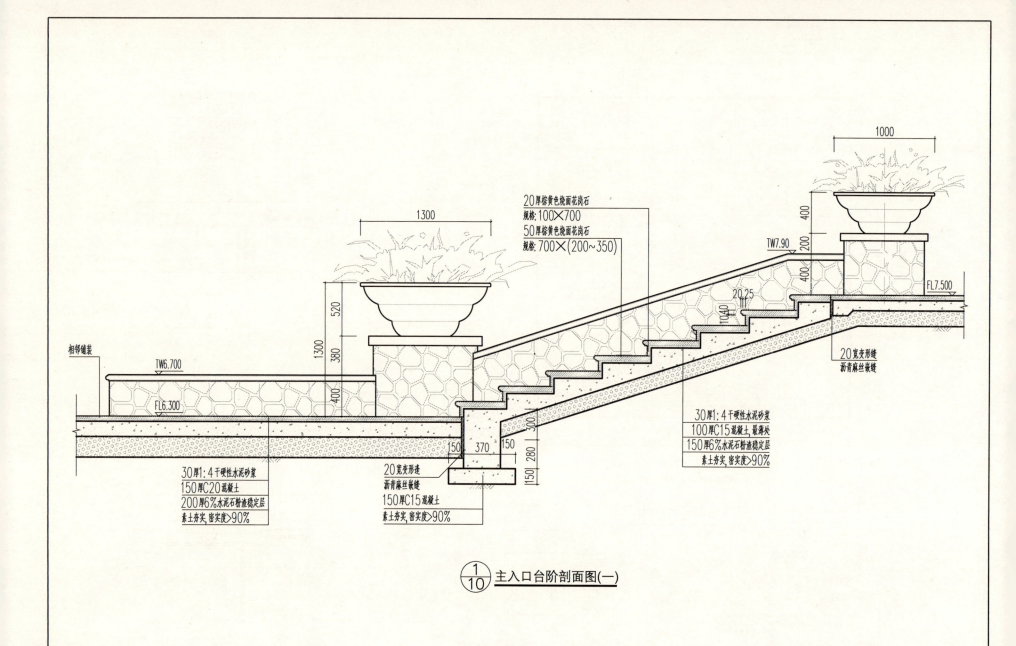

图 2-33 主入口台阶剖面图（一）——园施（33）

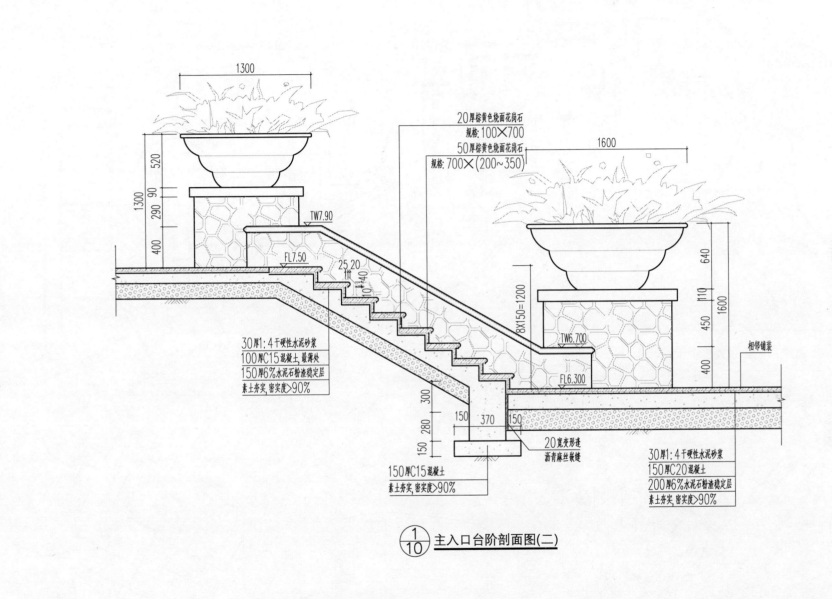

图 2-34 主入口台阶剖面图（二）——园施（34）

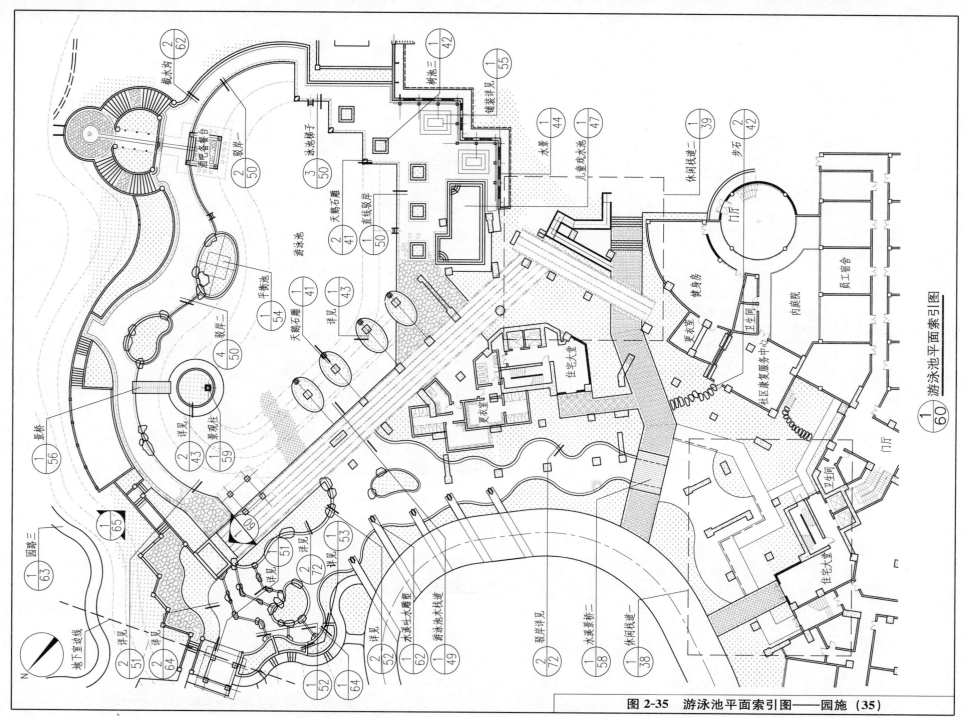

图 2-35 游泳池平面索引图——园施（35）

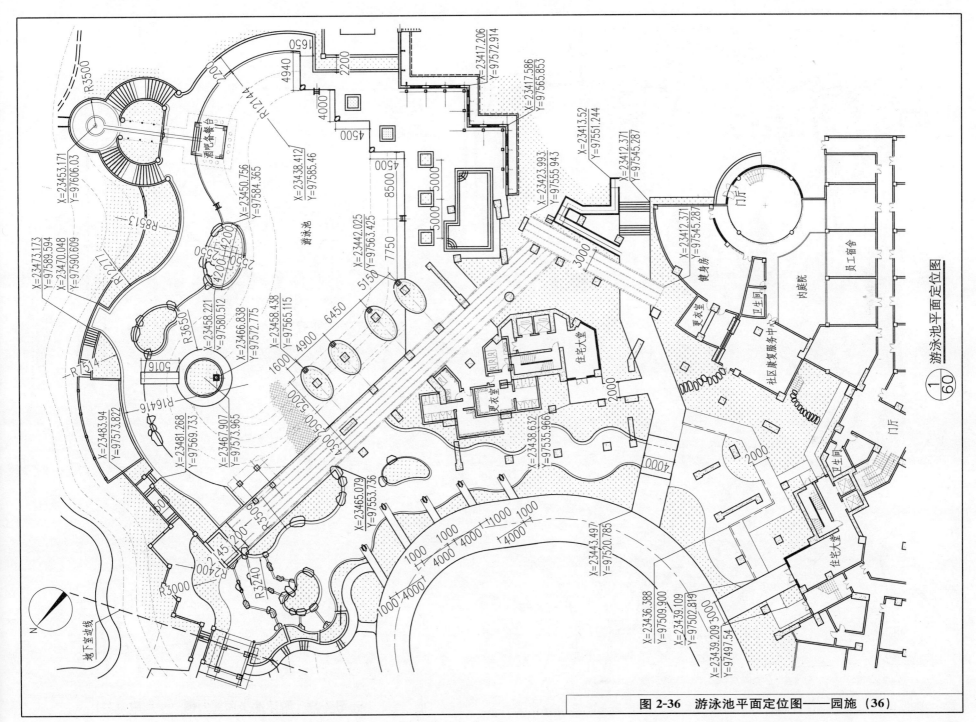

图 2-36 游泳池平面定位图——园施（36）

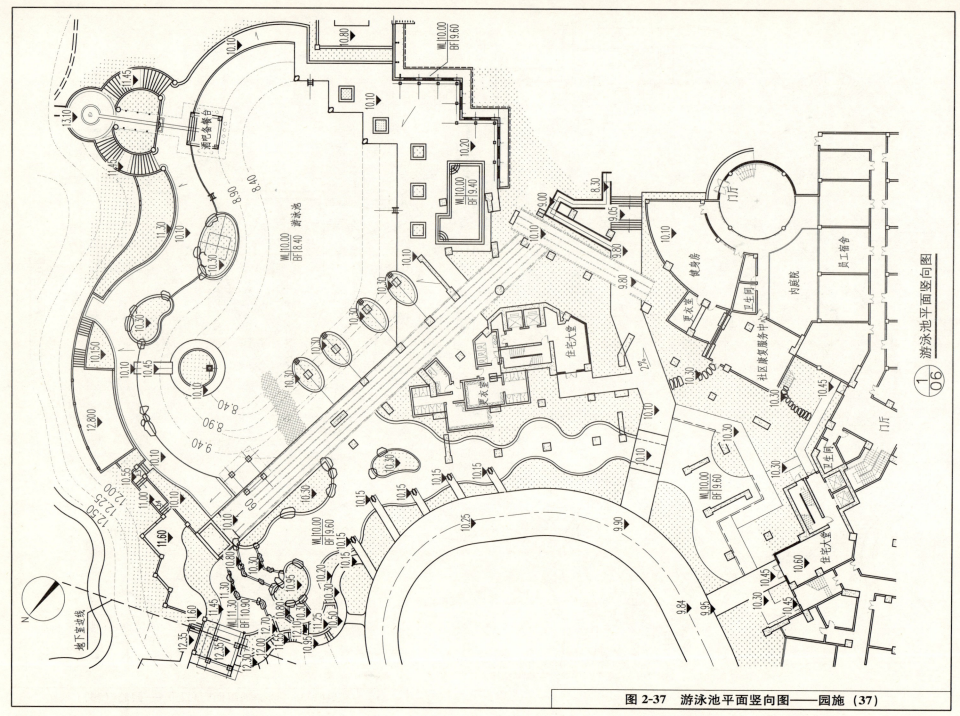

图 2-37 游泳池平面竖向图——园施（37）

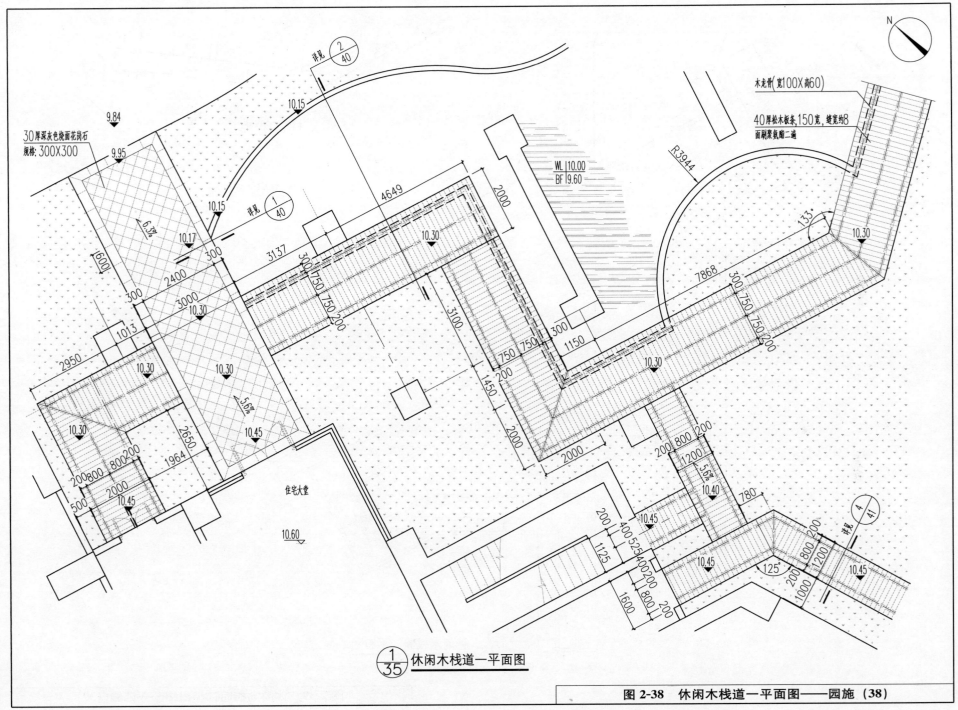

图 2-38 休闲木栈道一平面图——园施（38）

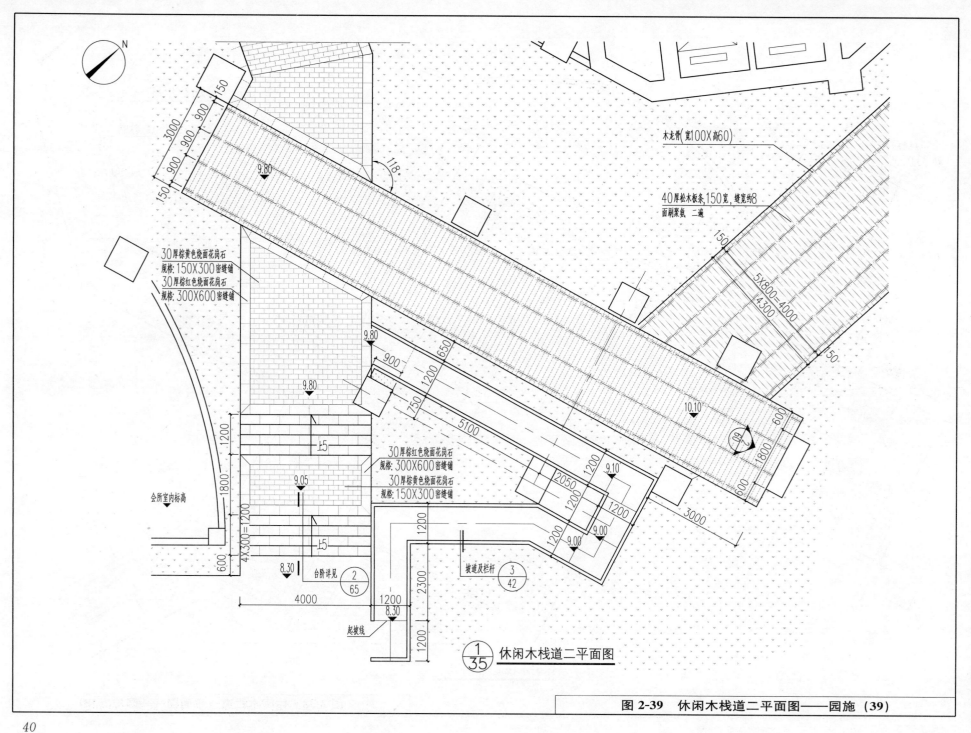

图 2-39 休闲木栈道二平面图——园施（39）

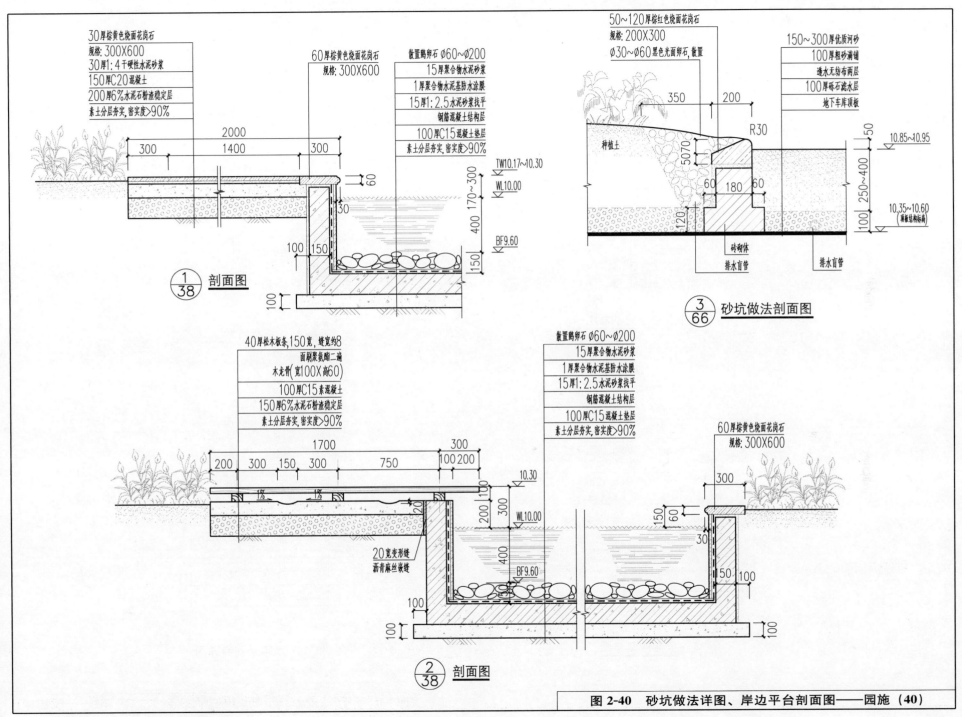

图 2-40 砂坑做法详图、岸边平台剖面图——园施（40）

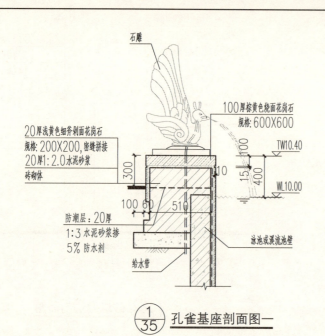

① 孔雀基座剖面图一
35

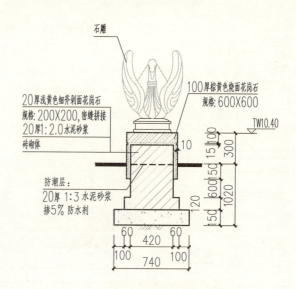

② 孔雀基座剖面图二
35

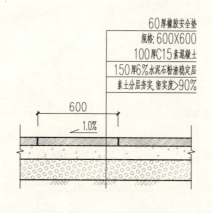

③ 安全胶垫详图
66

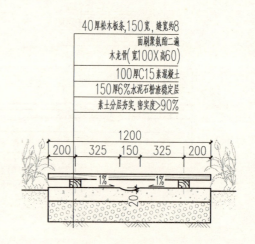

④ 木平台剖面详图
38

图2-41 木平台、安全胶垫、孔雀基座剖面图（一）、（二）详图——园施（41）

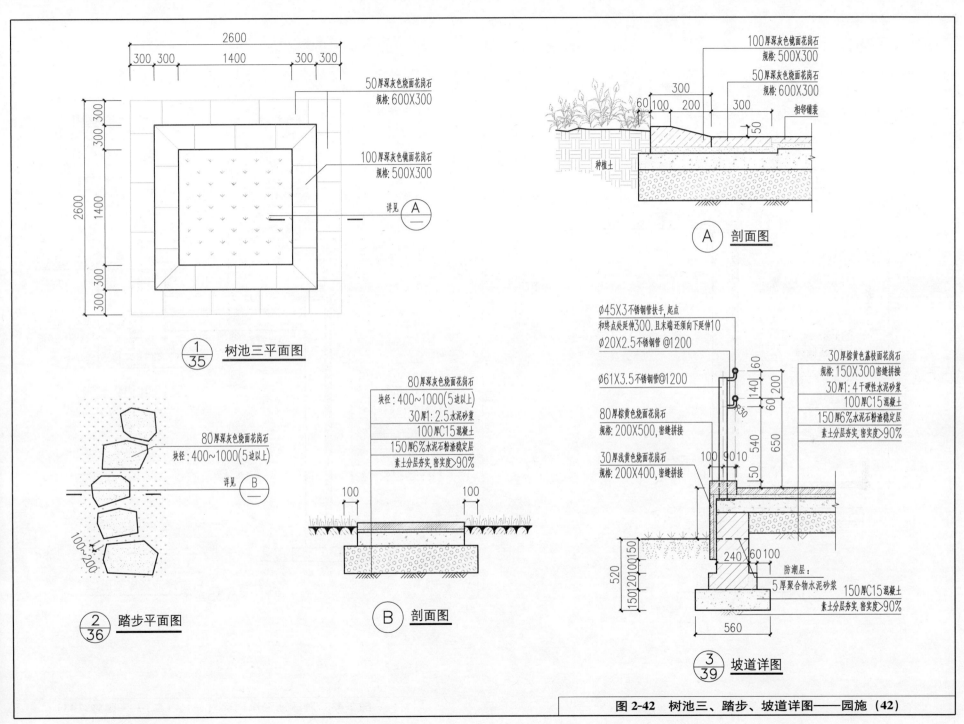

图 2-42 树池三、踏步、坡道详图——园施（42）

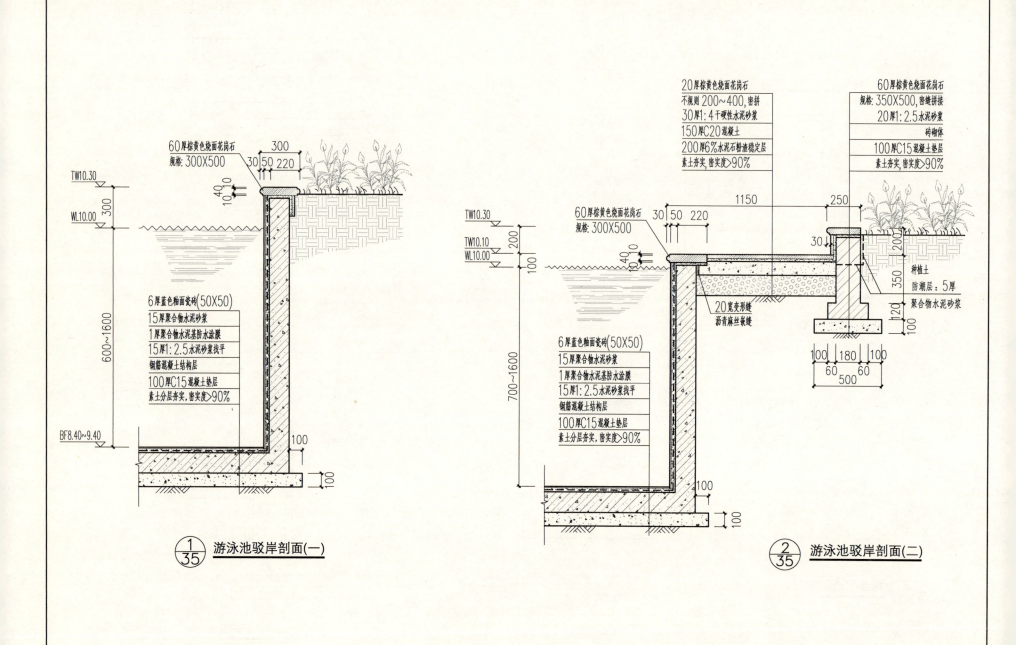

图 2-43 游泳池驳岸剖面（一）、（二）——园施（43）

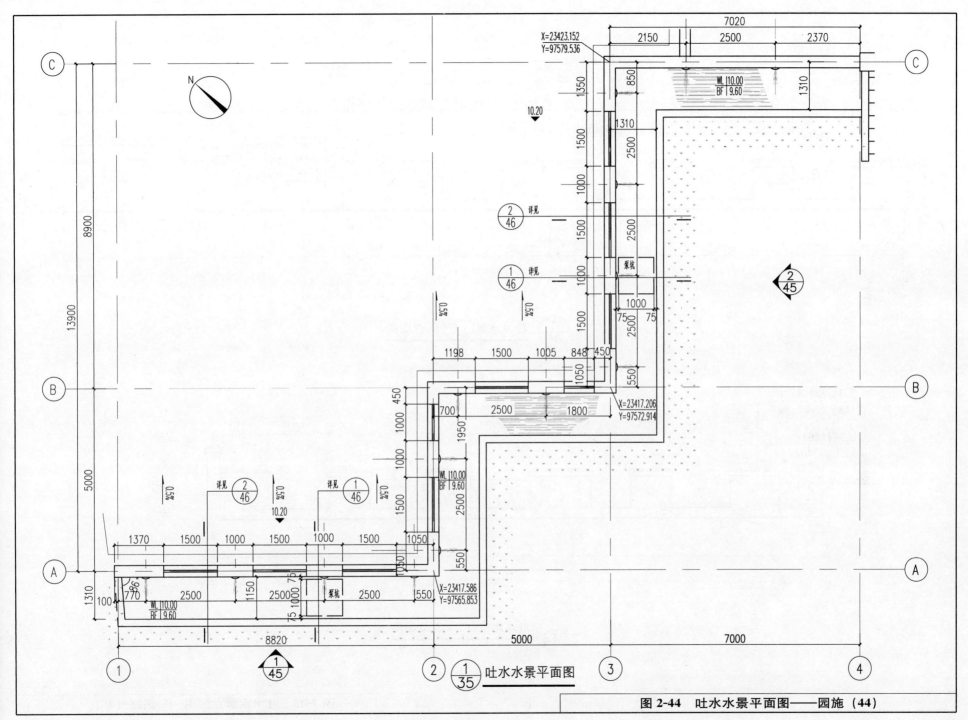

图 2-44 吐水水景平面图——园施（44）

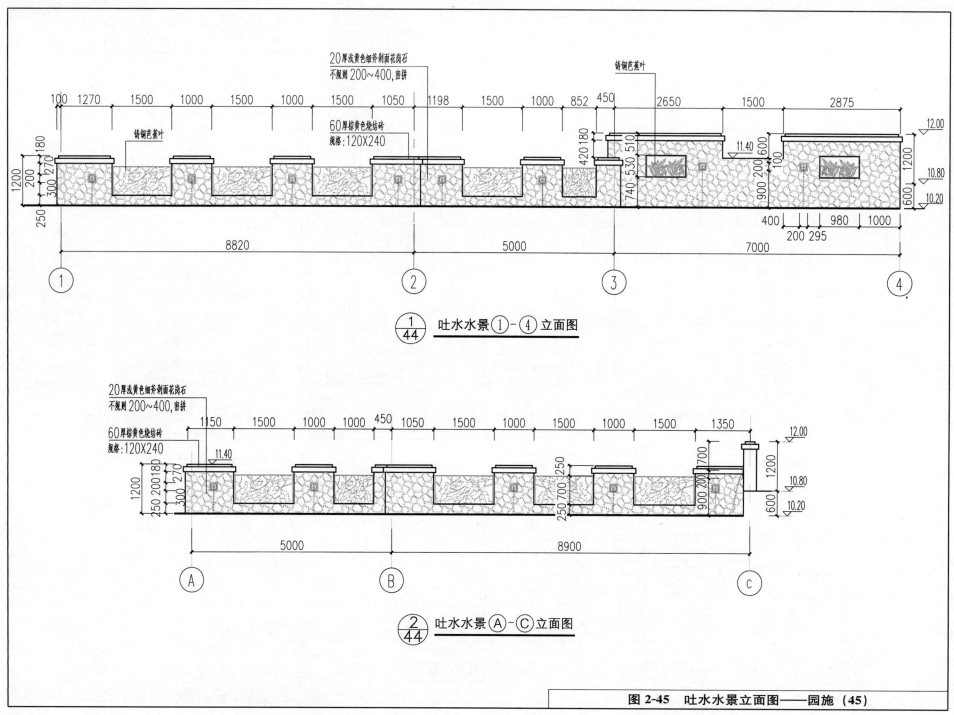

图 2-45 吐水水景立面图——园施（45）

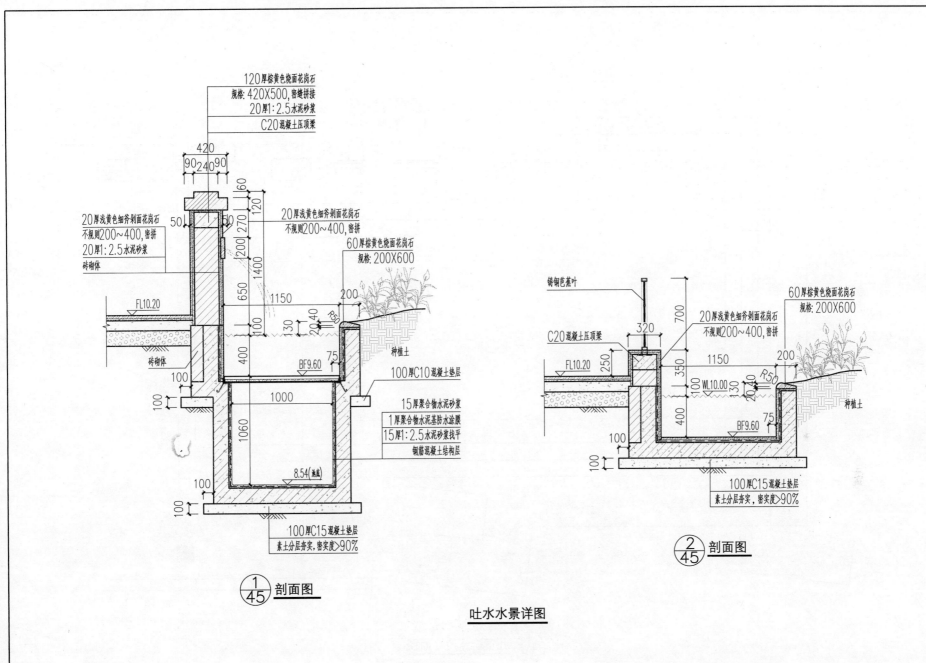

吐水水景详图

图 2-46 吐水水景详图——园施（46）

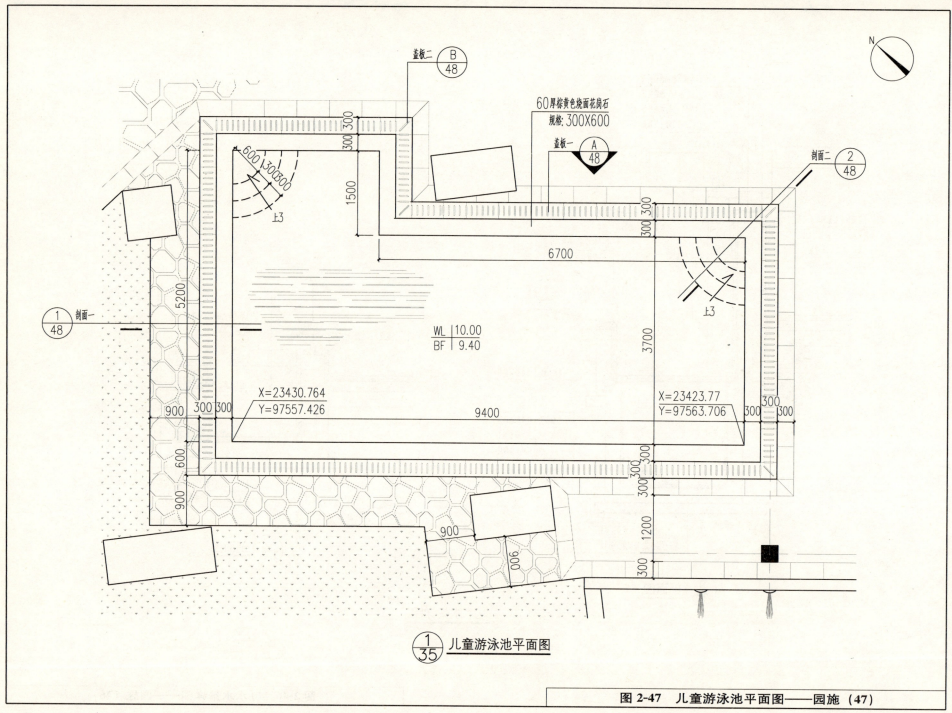

图 2-47 儿童游泳池平面图——园施（47）

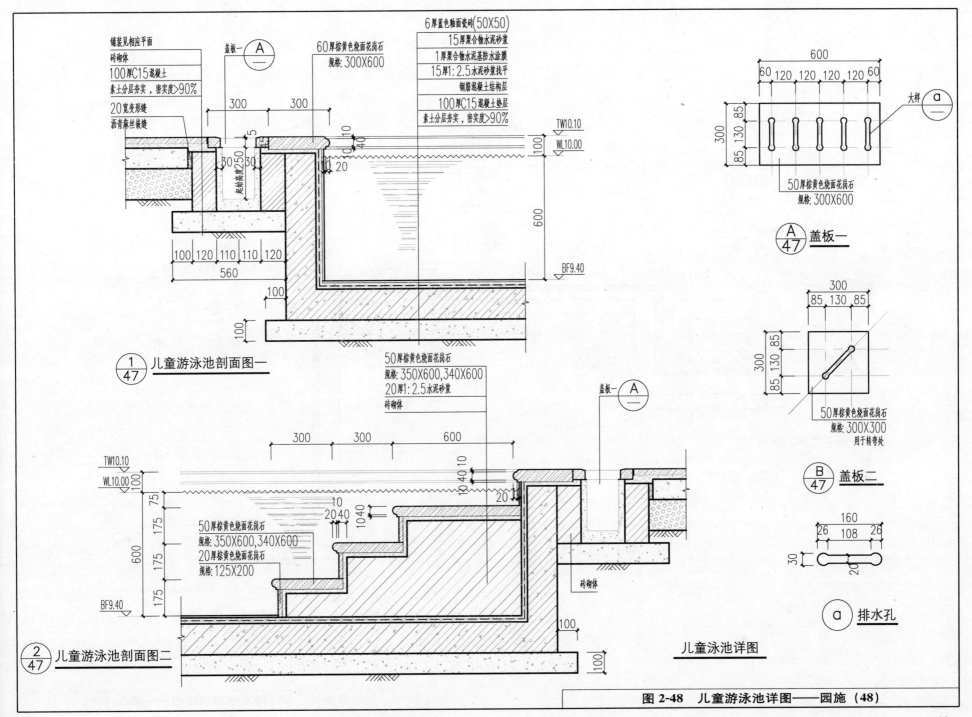

图 2-48 儿童游泳池详图——园施（48）

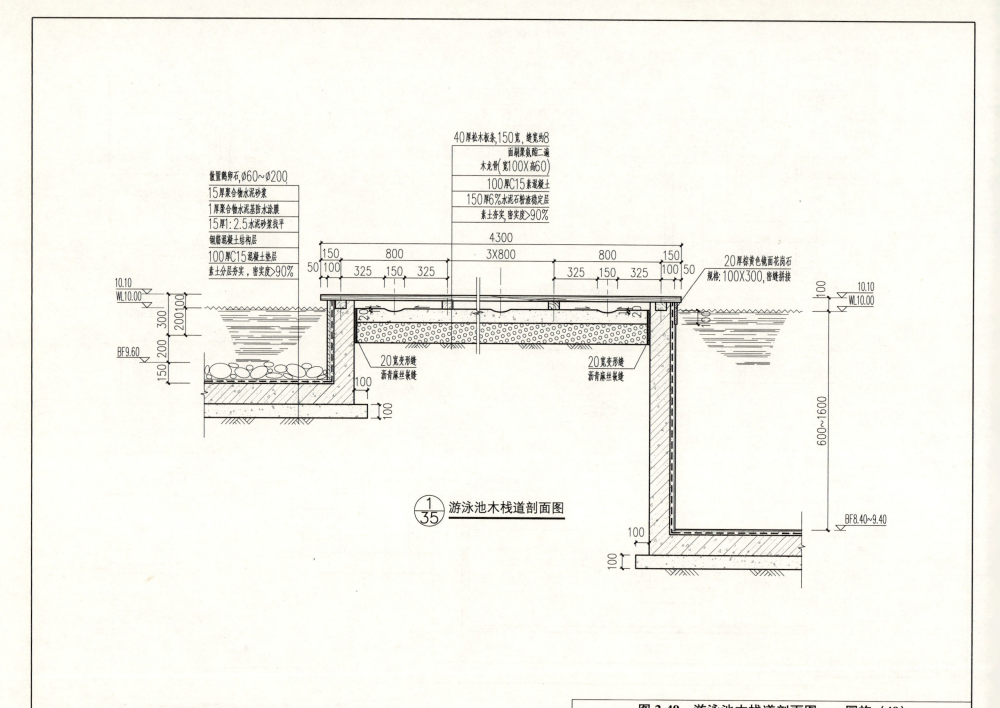

图 2-49 游泳池木栈道剖面图——园施（49）

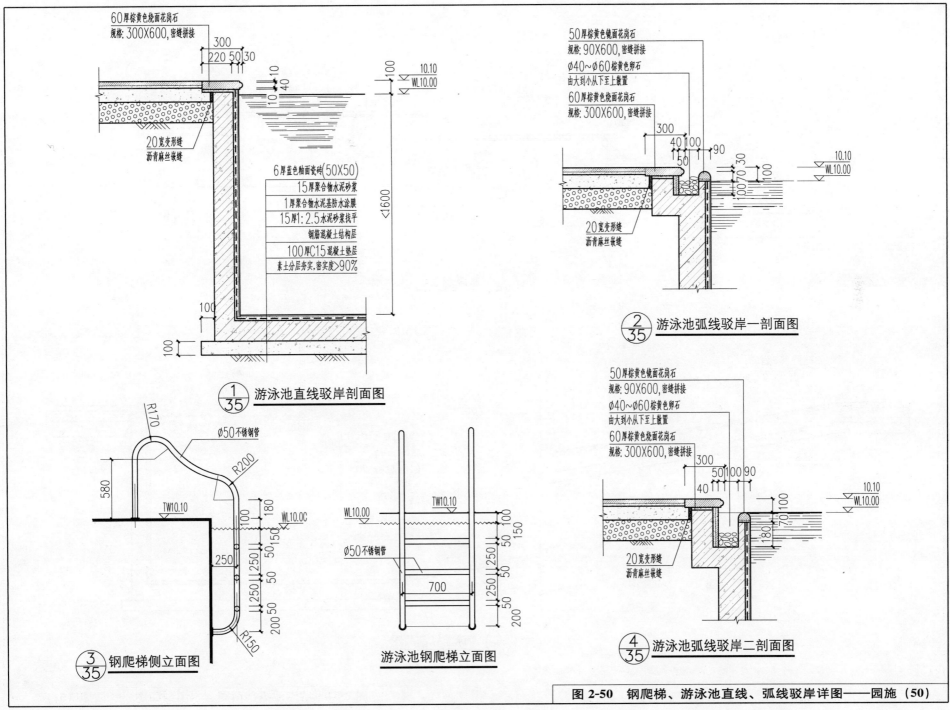

图 2-50 钢爬梯、游泳池直线、弧线驳岸详图——园施（50）

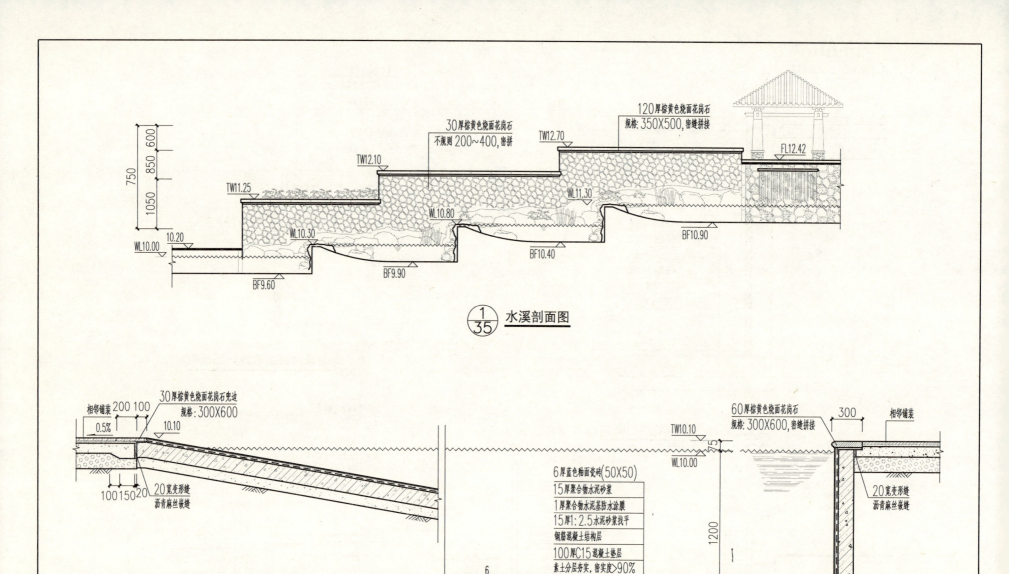

图 2-51 游泳池纵剖面图、水溪剖面图——园施（51）

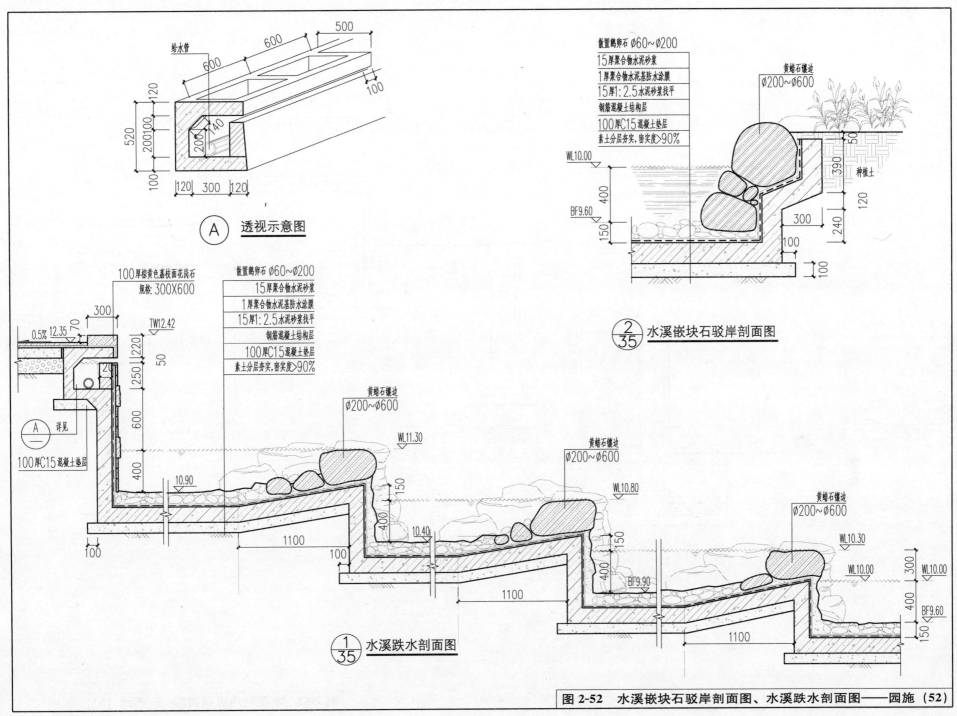

图 2-52 水溪嵌块石驳岸剖面图、水溪跌水剖面图——园施（52）

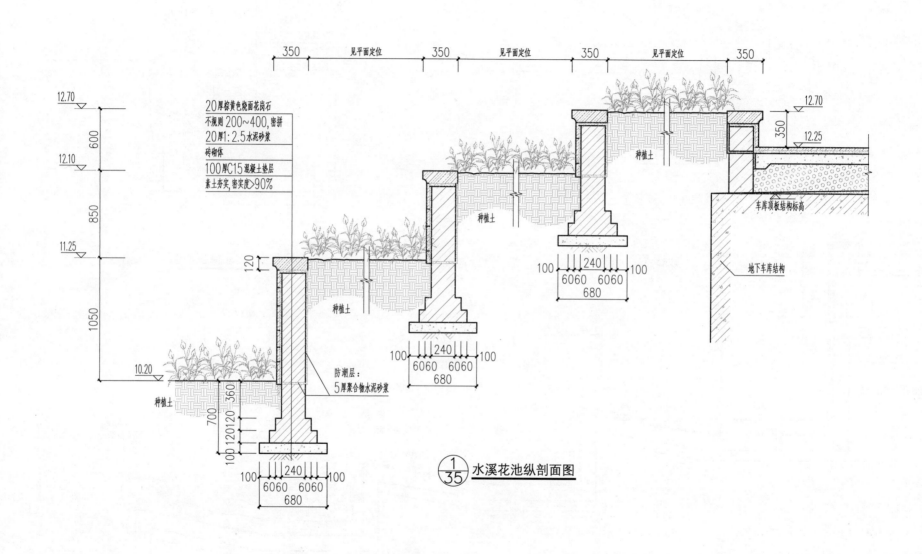

图 2-53 水溪花池纵剖面图——园施（53）

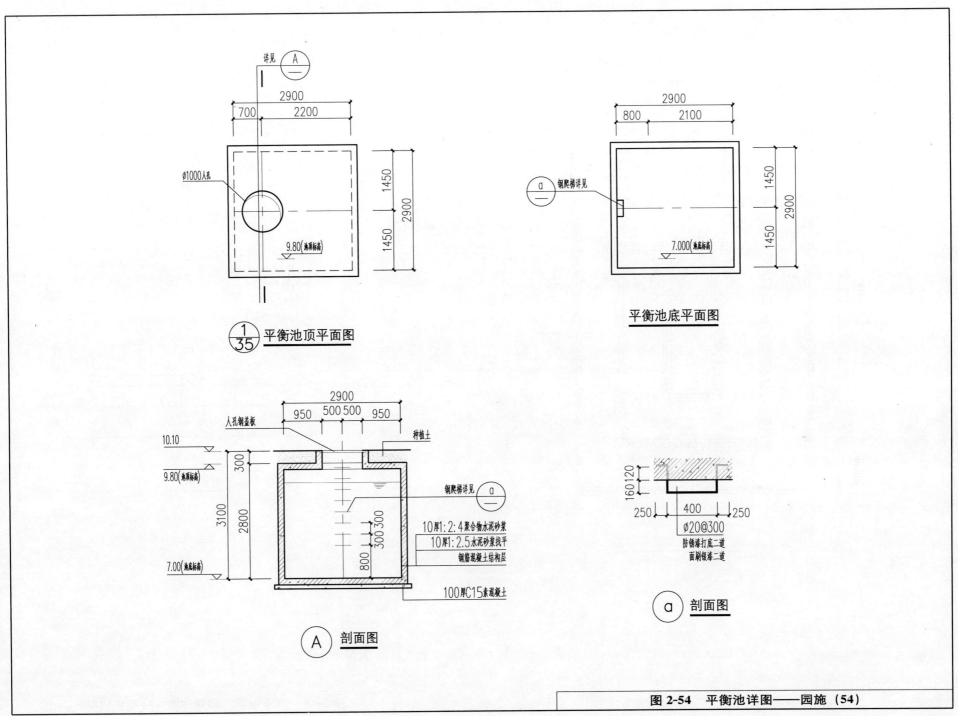

图 2-54 平衡池详图——园施（54）

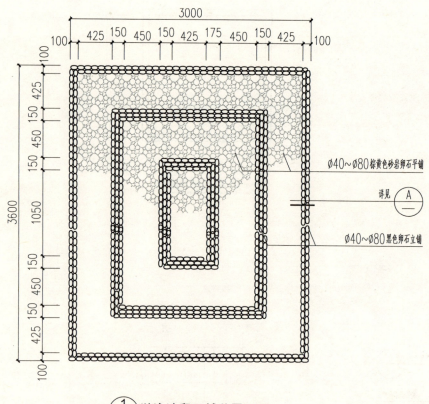

图 2-55 游泳池卵石铺装详图——园施（55）

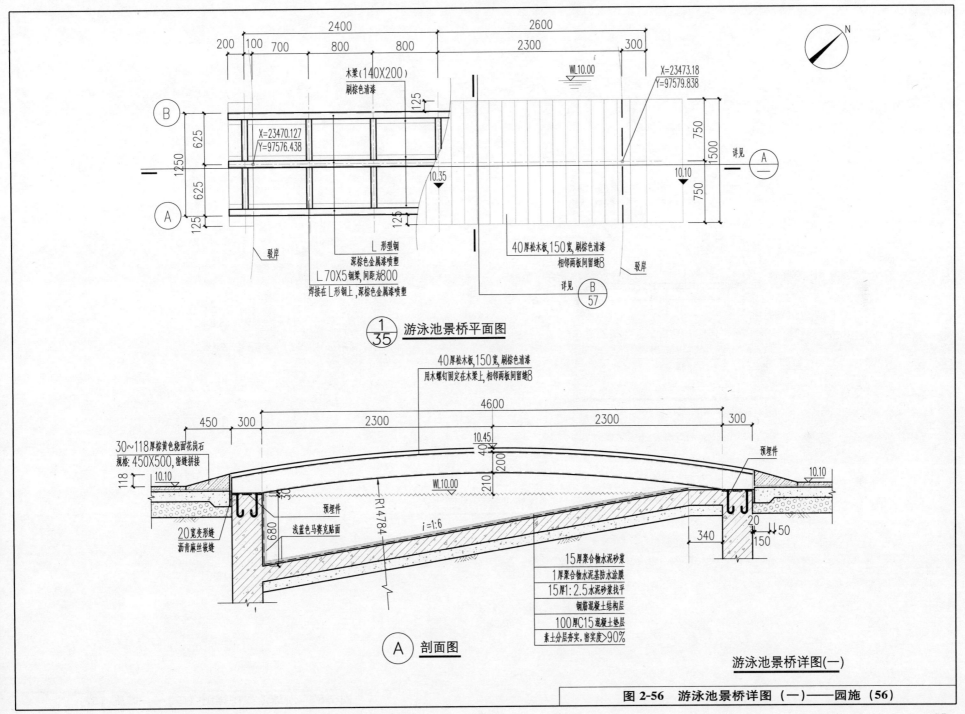

图 2-56 游泳池景桥详图（一）——园施（56）

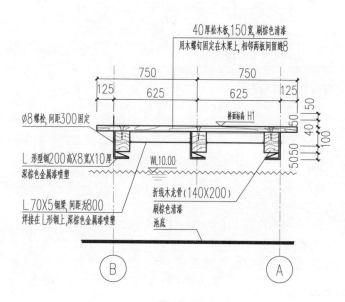

游泳池景桥详图(二)

景桥设计说明
1. 本图所用单位除标高以米外均为毫米。
2. 除特别注明外，所有外露铁件刷铁红环氧树脂底漆二道，环氧防腐漆二道，深棕色金属漆喷塑，钢结构设计说明详结施。
3. 木板采用优质东北落叶松，所有木构件须经过防腐处理后方可使用；防腐做法：采用E-51双酚A环氧树脂刷2次，聚氨酯2次。所有木构件须细胞光面，外刷棕色清漆二道。
4. 所有建筑需做小样，待设计方同意后方可大面积施工。
5. 桥平面位置见平面图。
6. 所有外露铁件边角必须磨圆滑。
7. 本设计未尽事宜按国家现行施工和验收规范执行。

图 2-57 游泳池景桥详图（二）——园施（57）

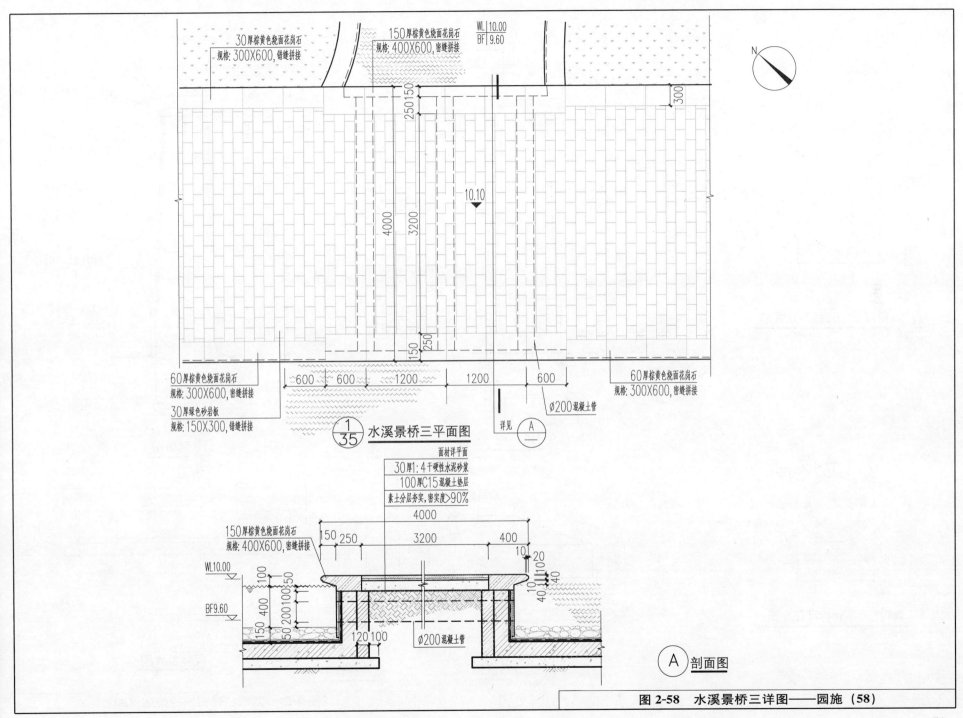

图 2-58 水溪景桥三详图——园施（58）

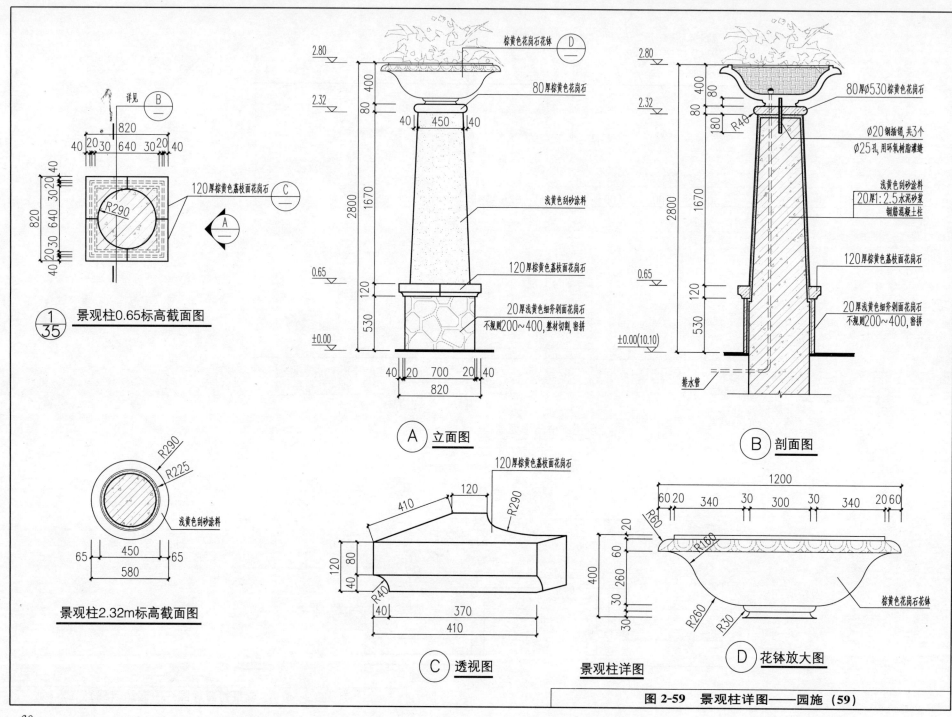

图 2-59 景观柱详图——园施（59）

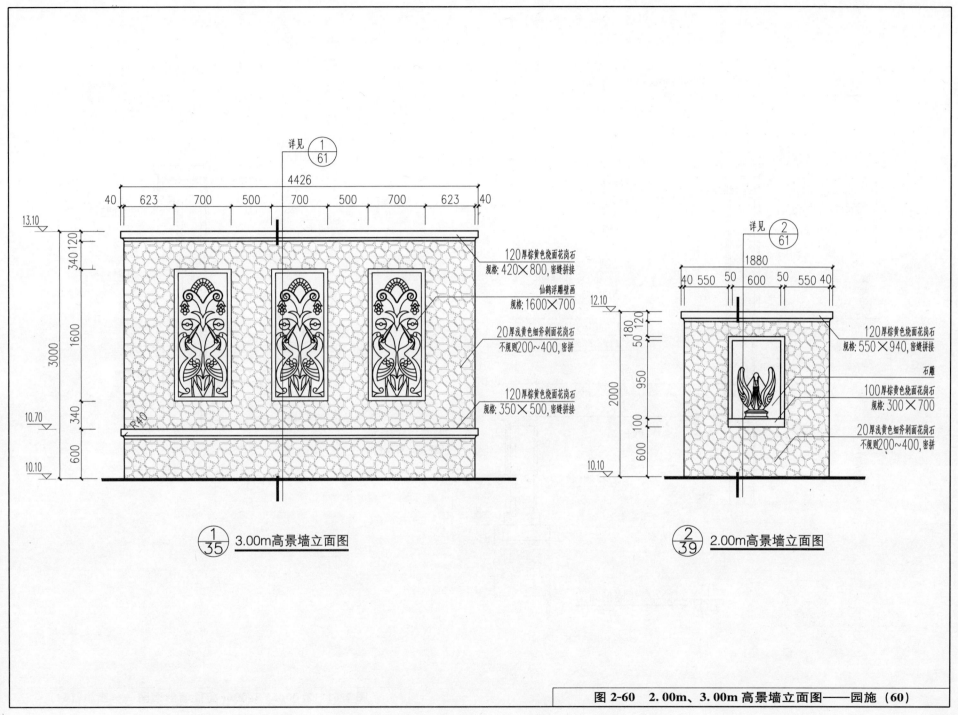

图 2-60 2.00m、3.00m 高景墙立面图——园施（60）

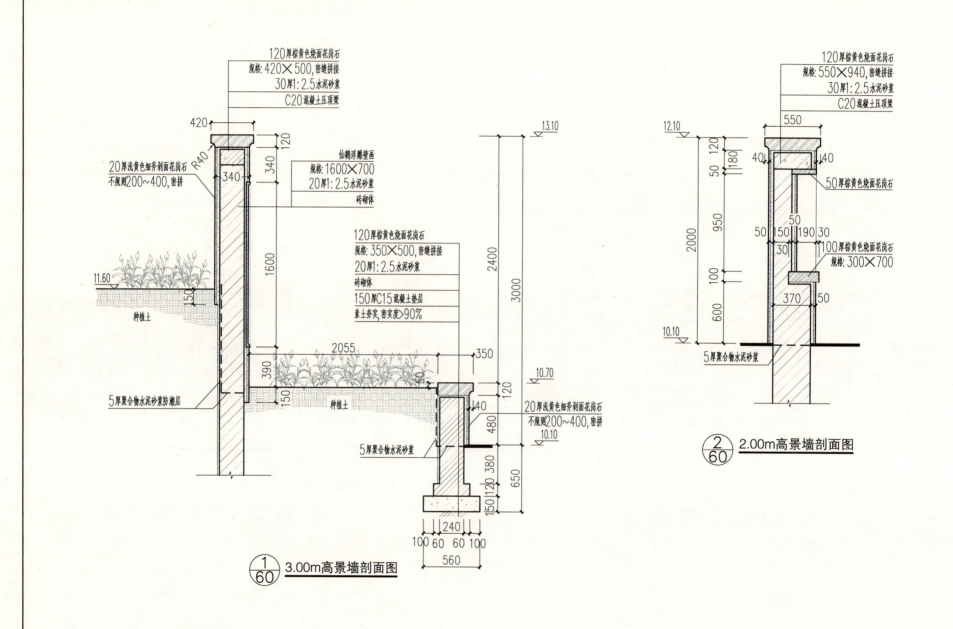

图 2-61　2.00m、3.00m 高景墙剖面图——园施（61）

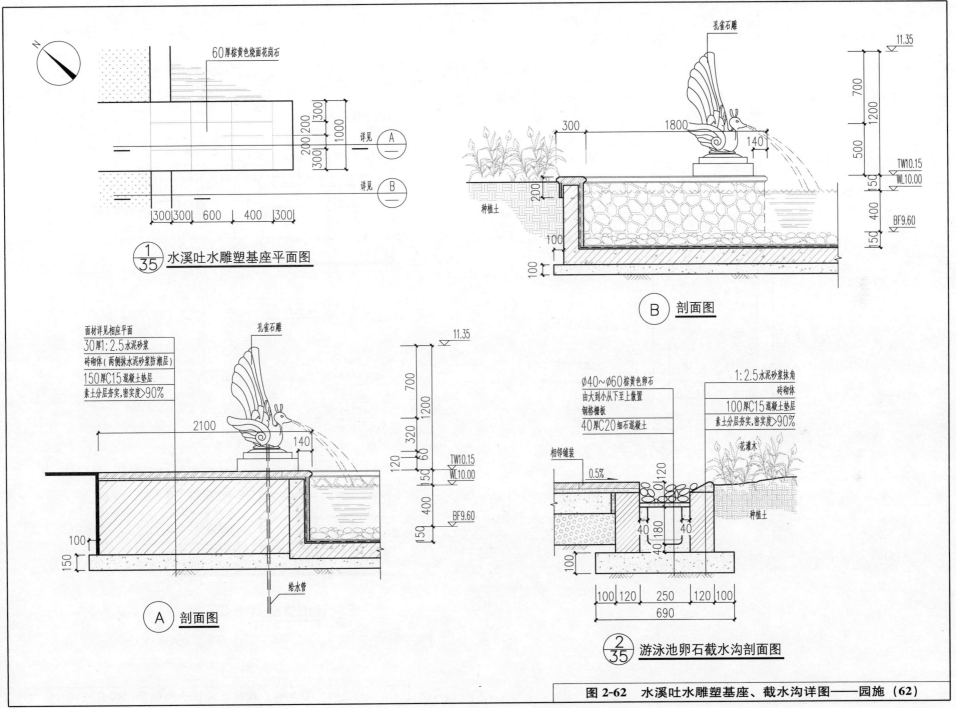

图 2-62 水溪吐水雕塑基座、截水沟详图——园施（62）

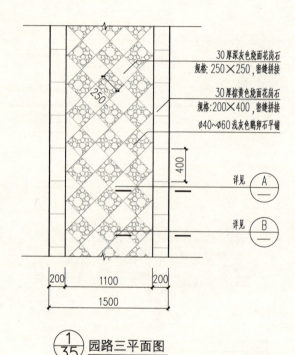

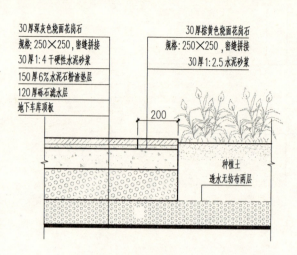

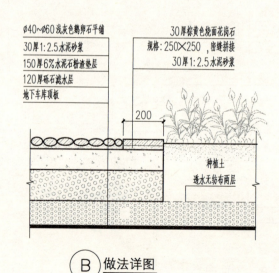

图 2-63　园路三详图——园施（63）

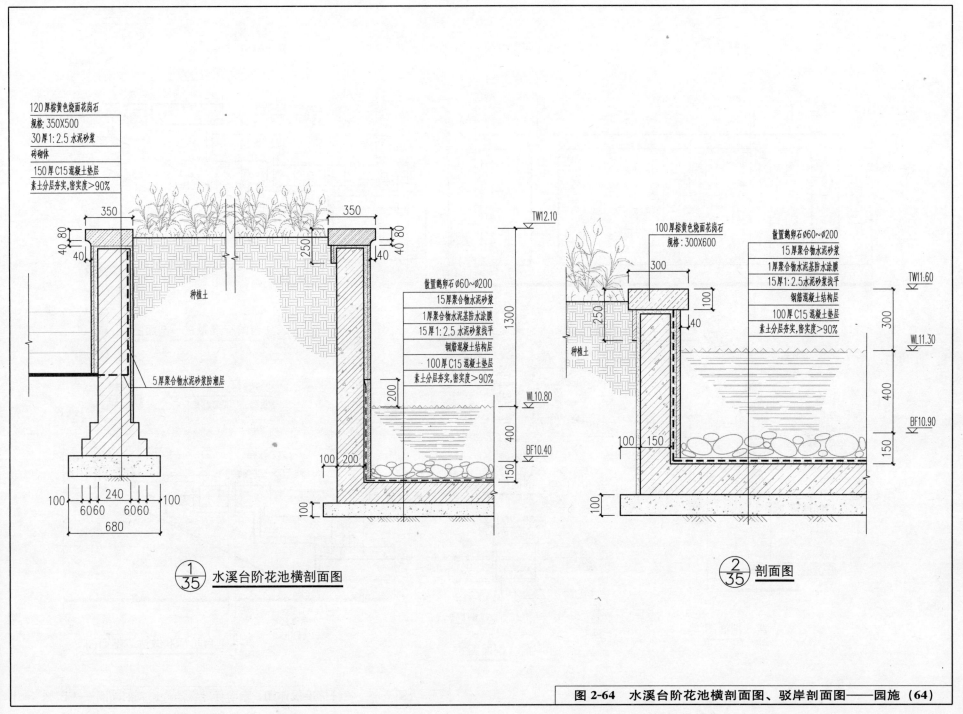

图 2-64 水溪台阶花池横剖面图、驳岸剖面图——园施（64）

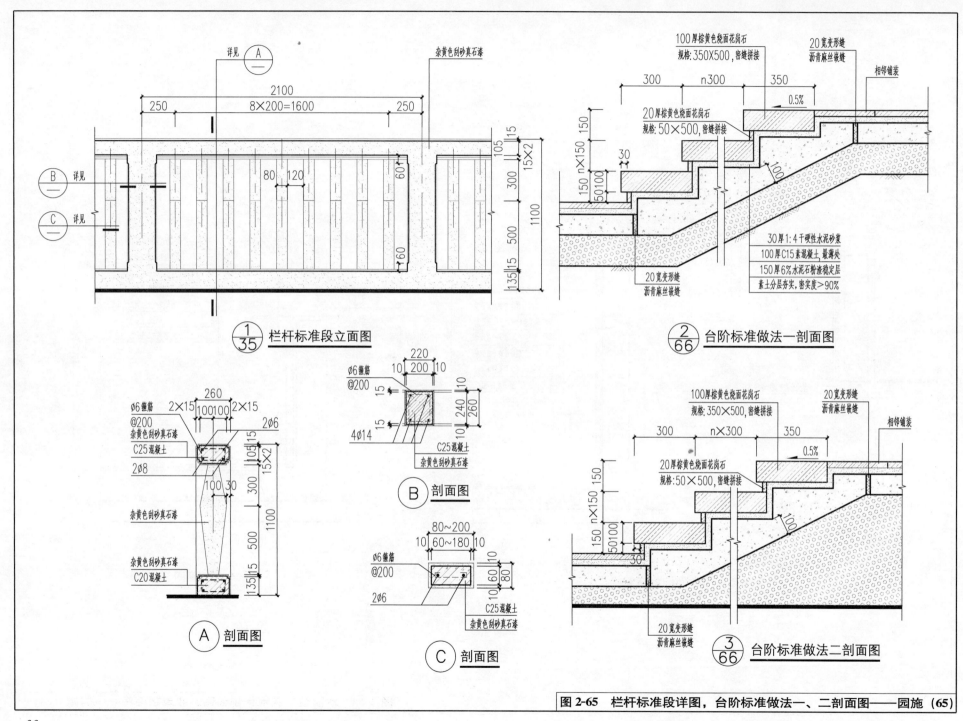

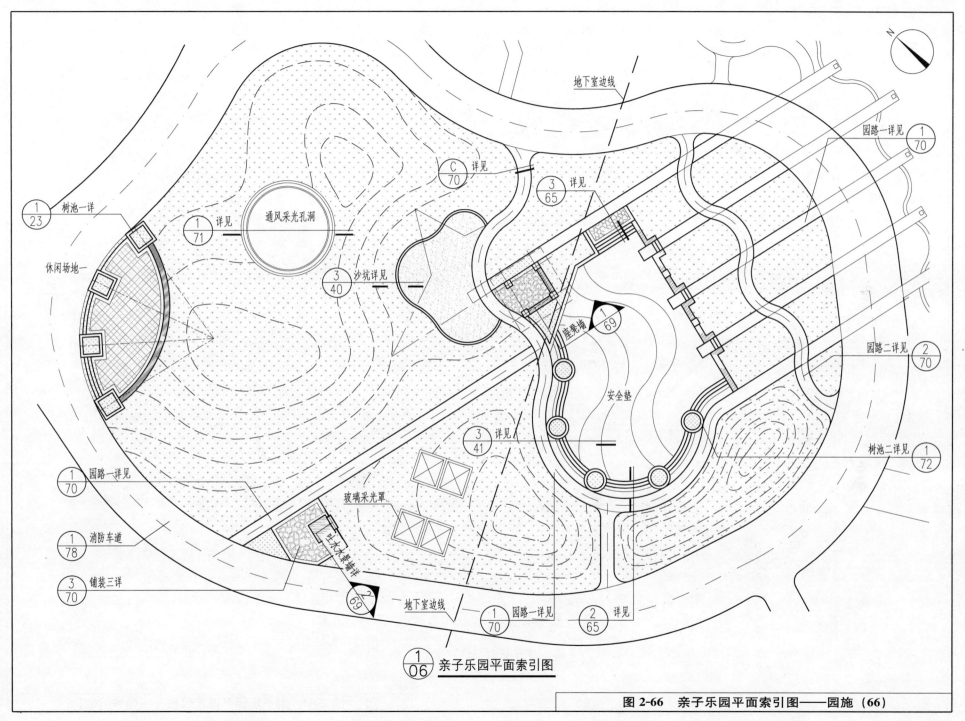

图 2-66 亲子乐园平面索引图——园施（66）

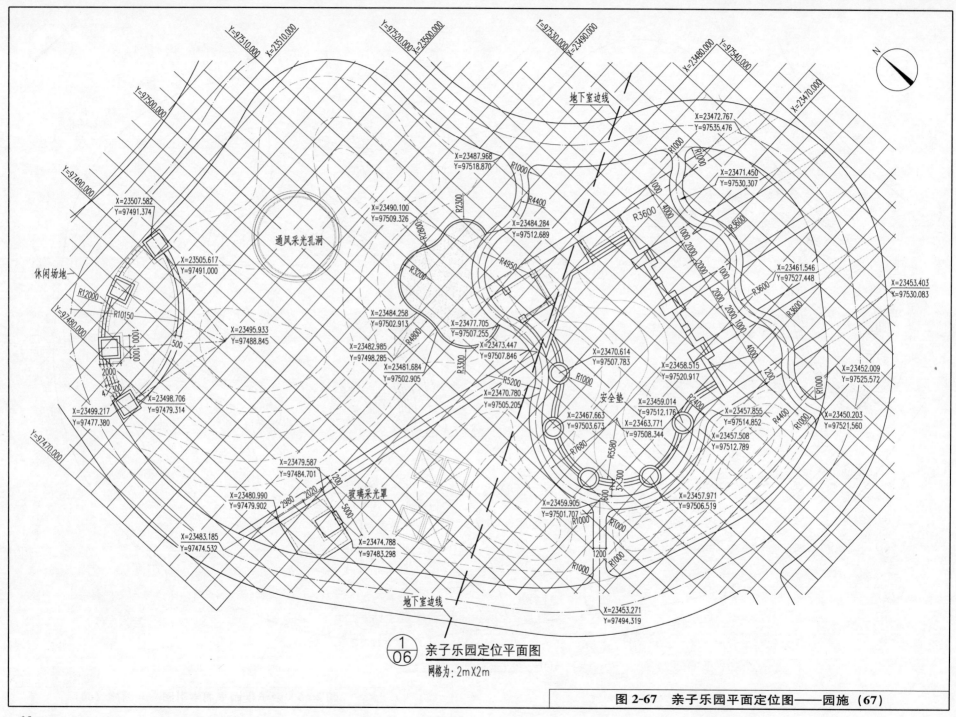

图 2-67 亲子乐园平面定位图——园施（67）

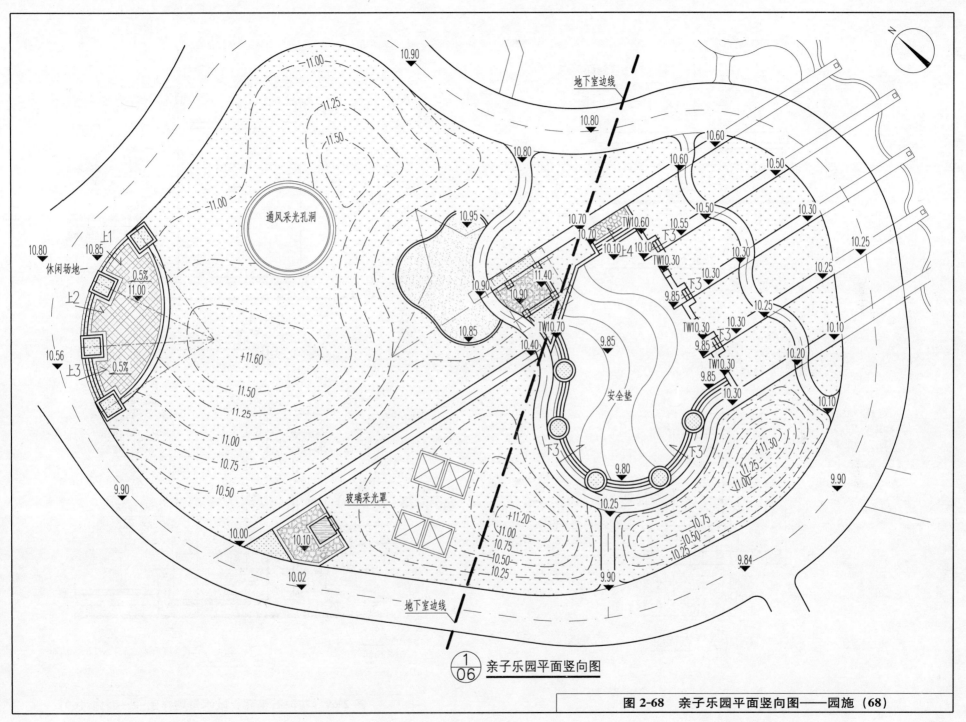

图 2-68 亲子乐园平面竖向图——园施（68）

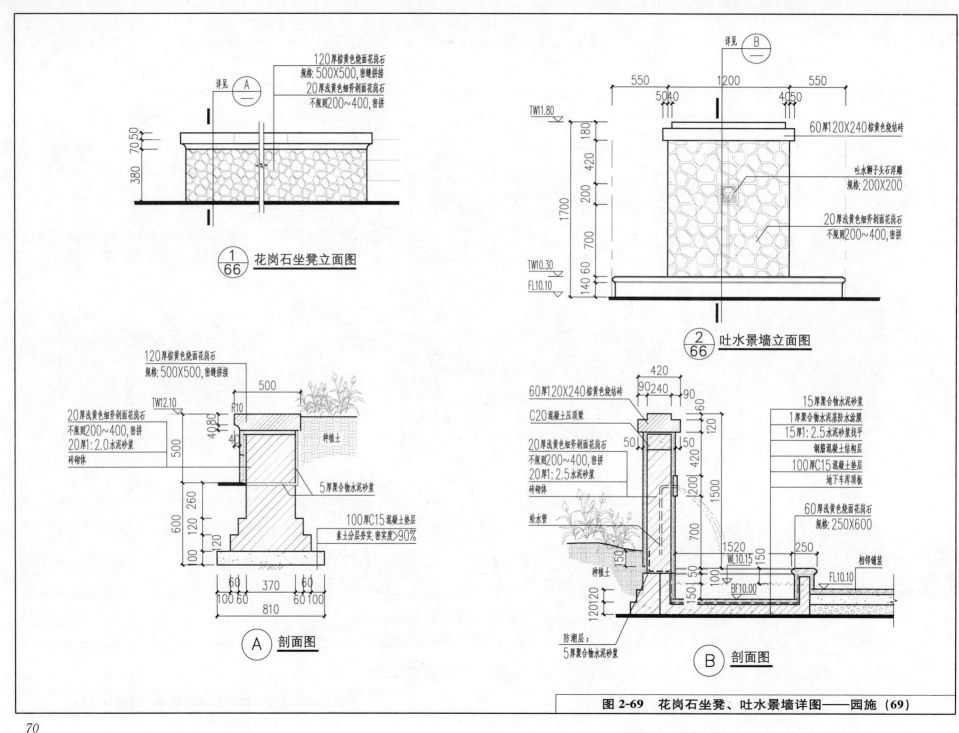

图 2-69 花岗石坐凳、吐水景墙详图——园施（69）

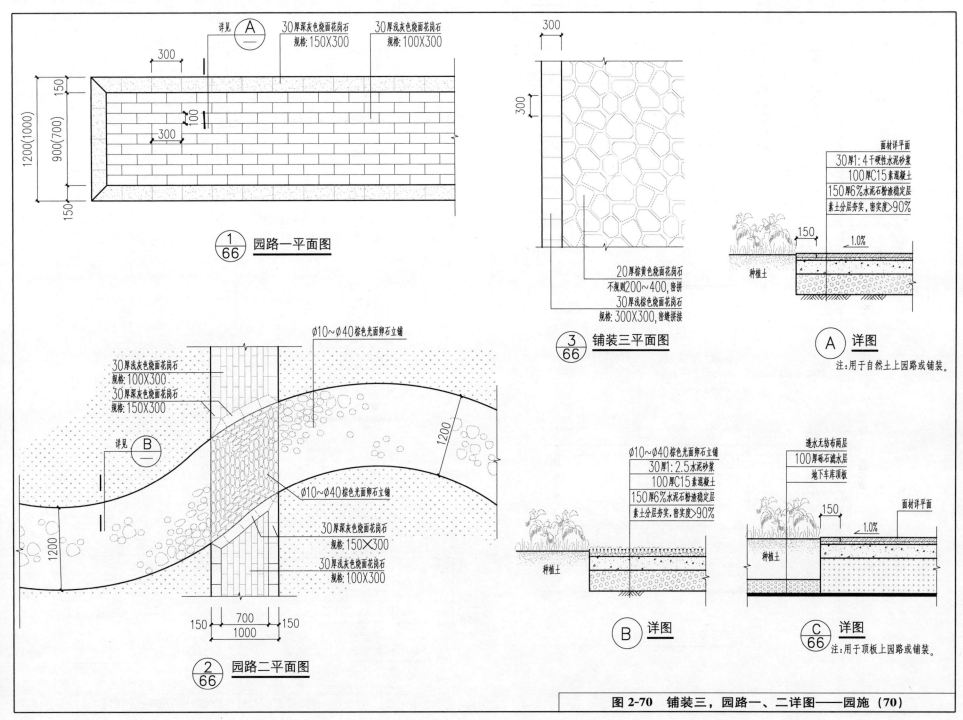

图2-70 铺装三,园路一、二详图——园施(70)

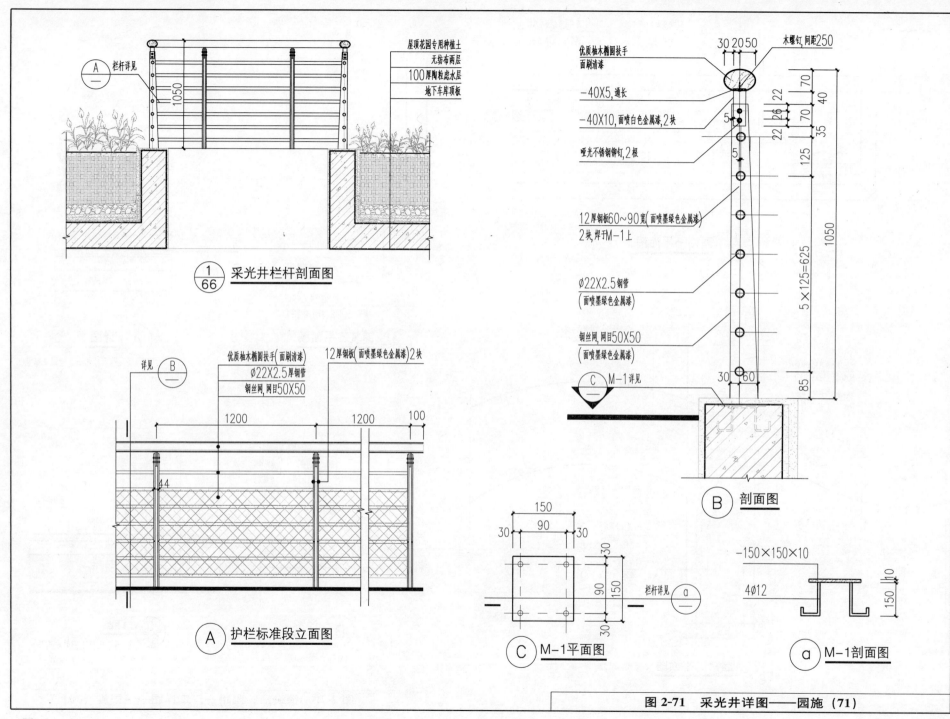

图 2-71 采光井详图——园施（71）

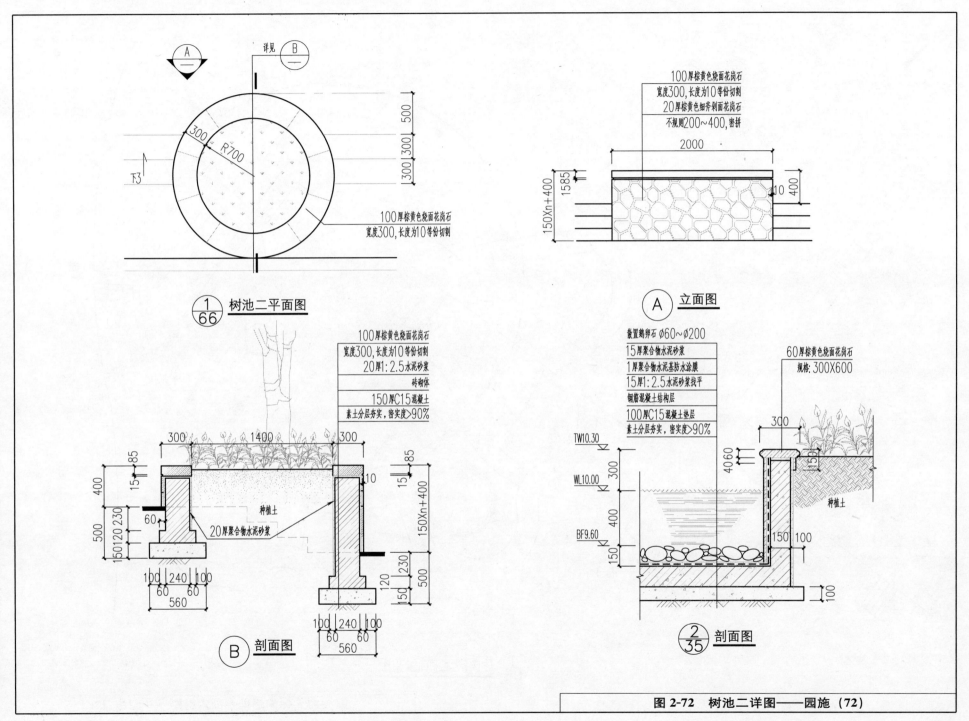

图 2-72 树池二详图——园施（72）

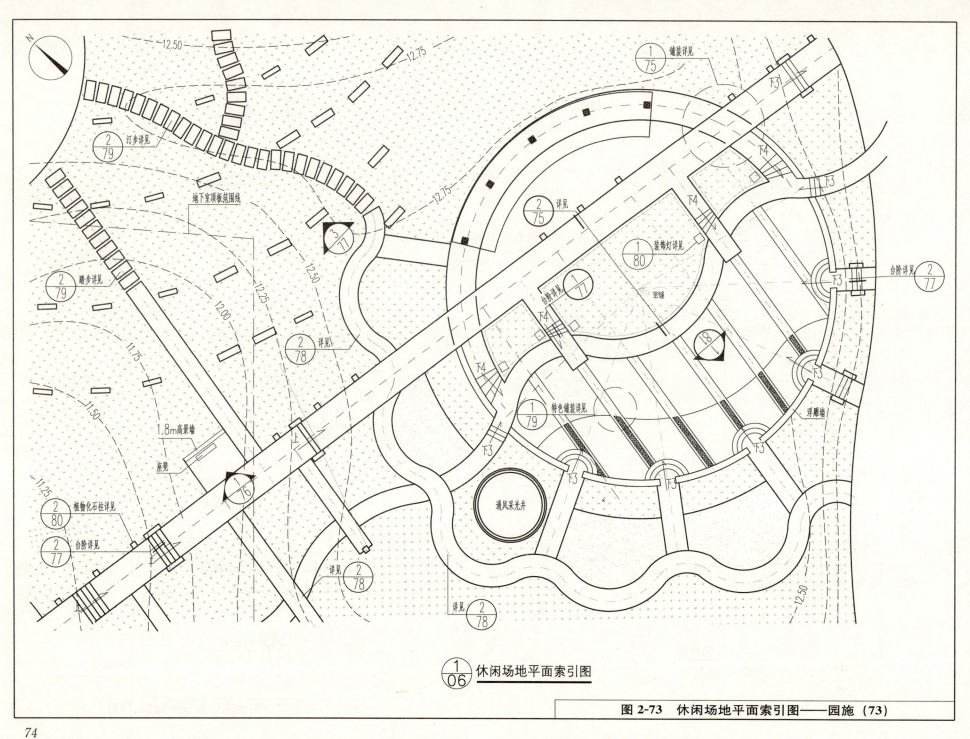

图 2-73 休闲场地平面索引图——园施（73）

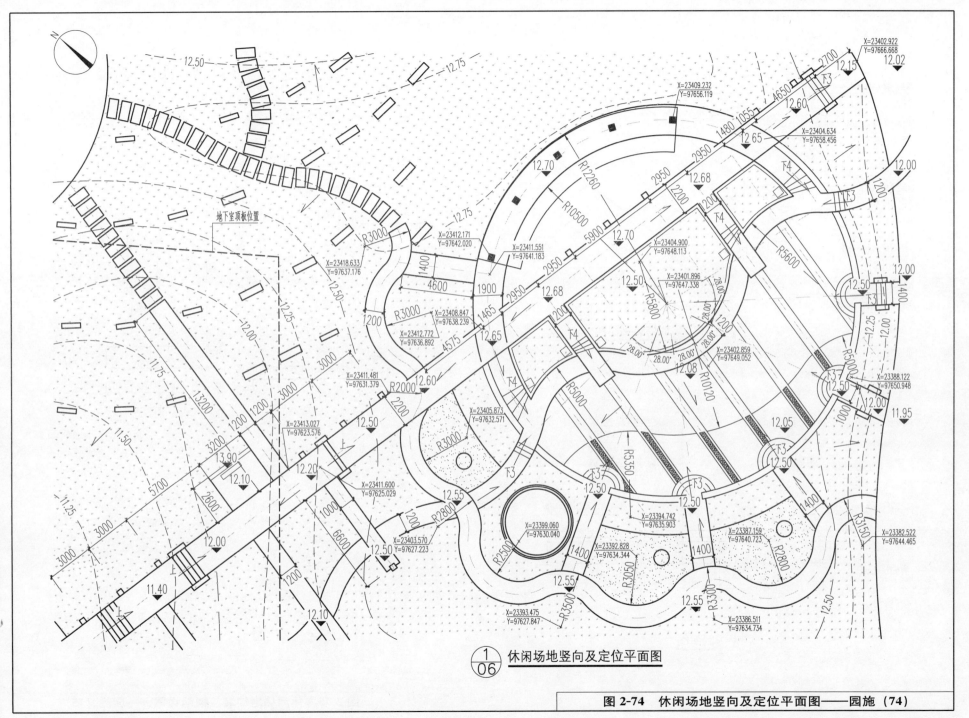

休闲场地竖向及定位平面图

图 2-74 休闲场地竖向及定位平面图——园施（74）

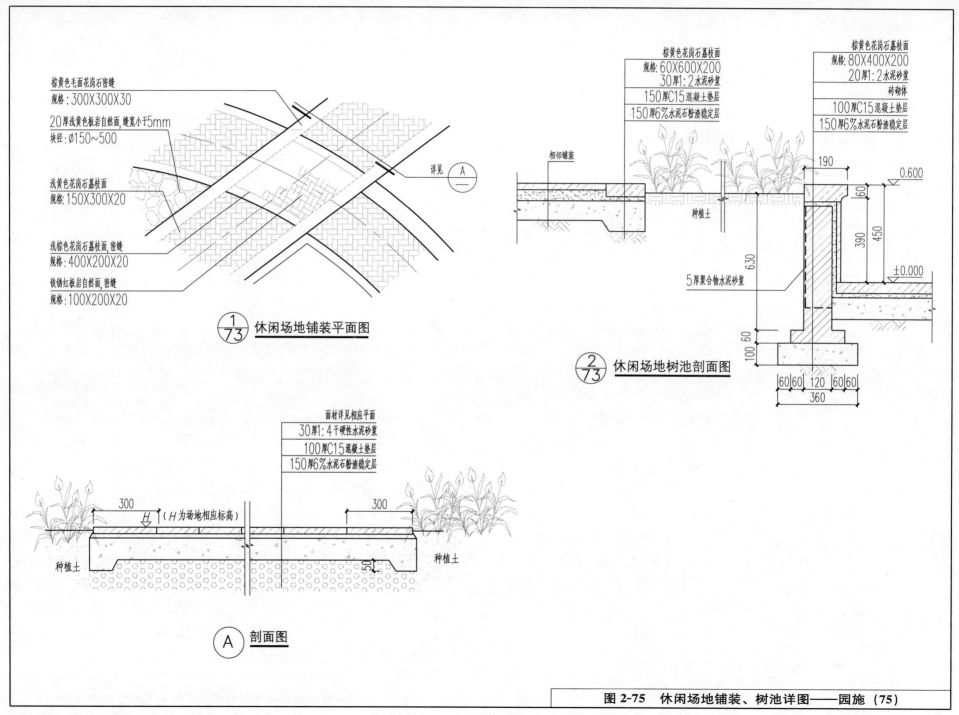

图 2-75 休闲场地铺装、树池详图——园施（75）

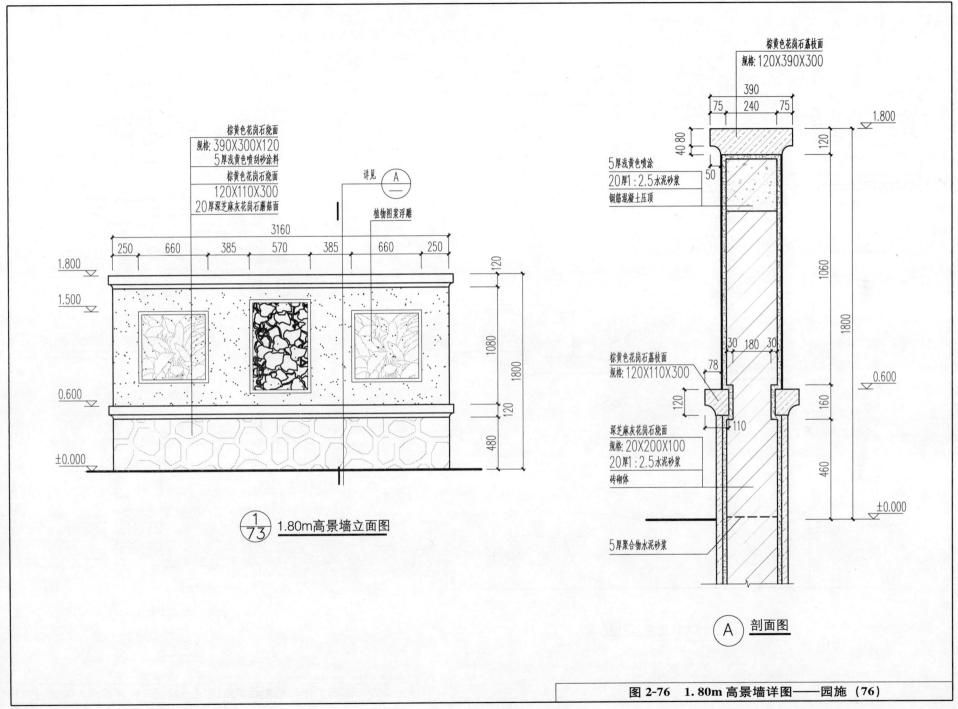

图 2-76　1.80m 高景墙详图——园施（76）

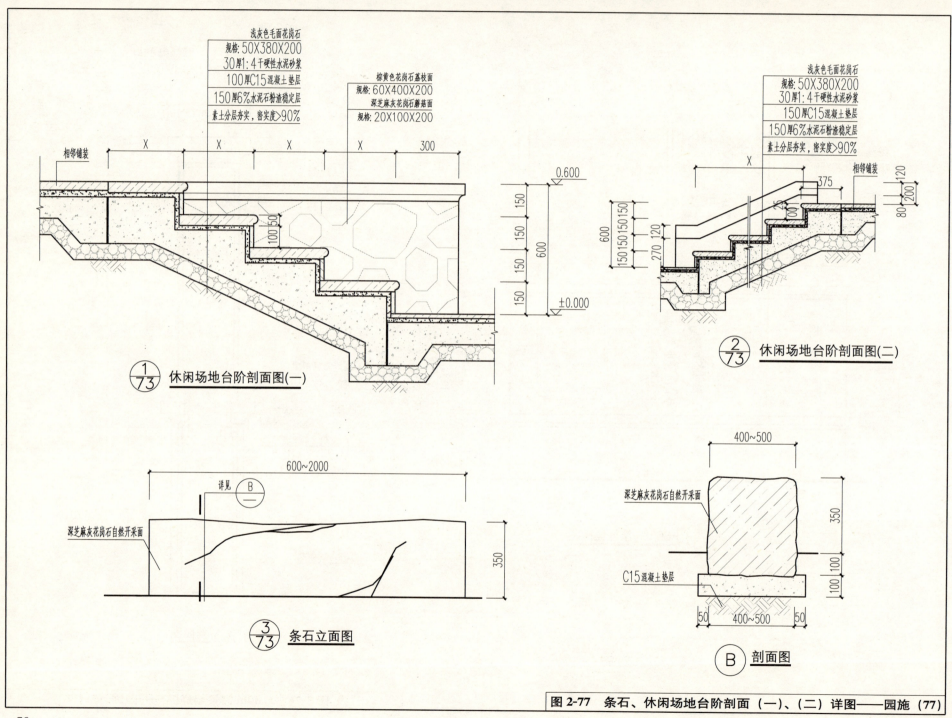

图 2-77 条石、休闲场地台阶剖面（一）、（二）详图——园施（77）

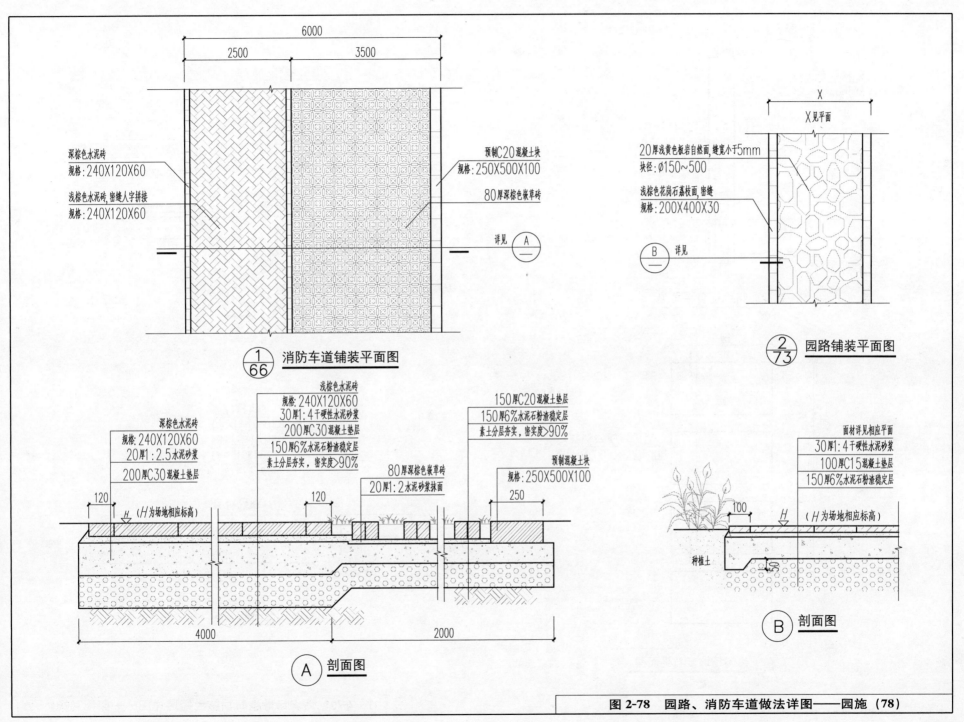

图 2-78 园路、消防车道做法详图——园施（78）

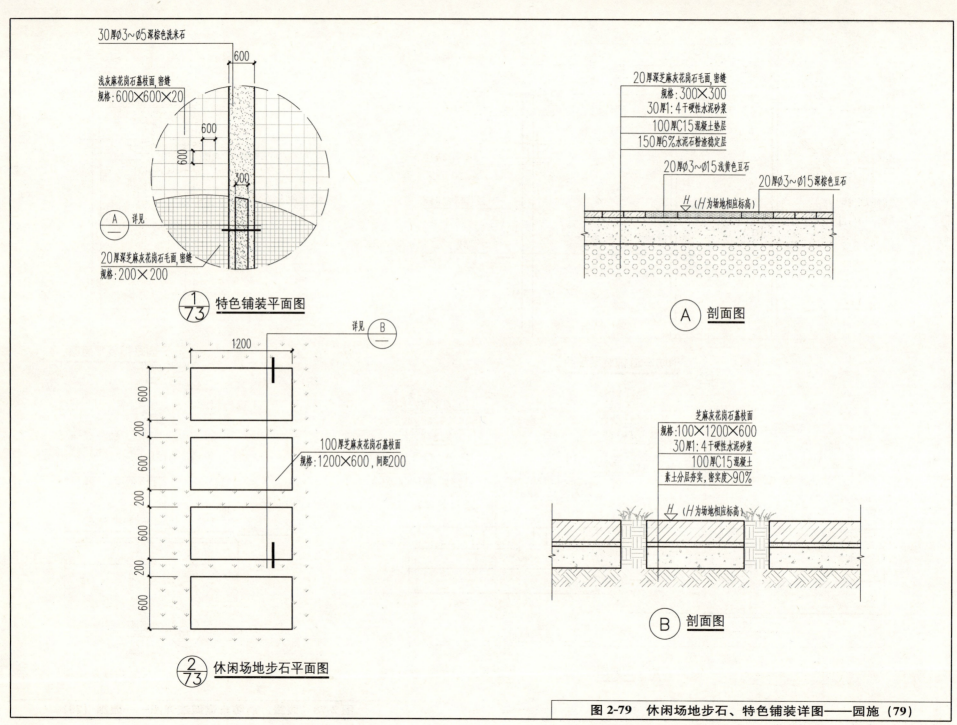

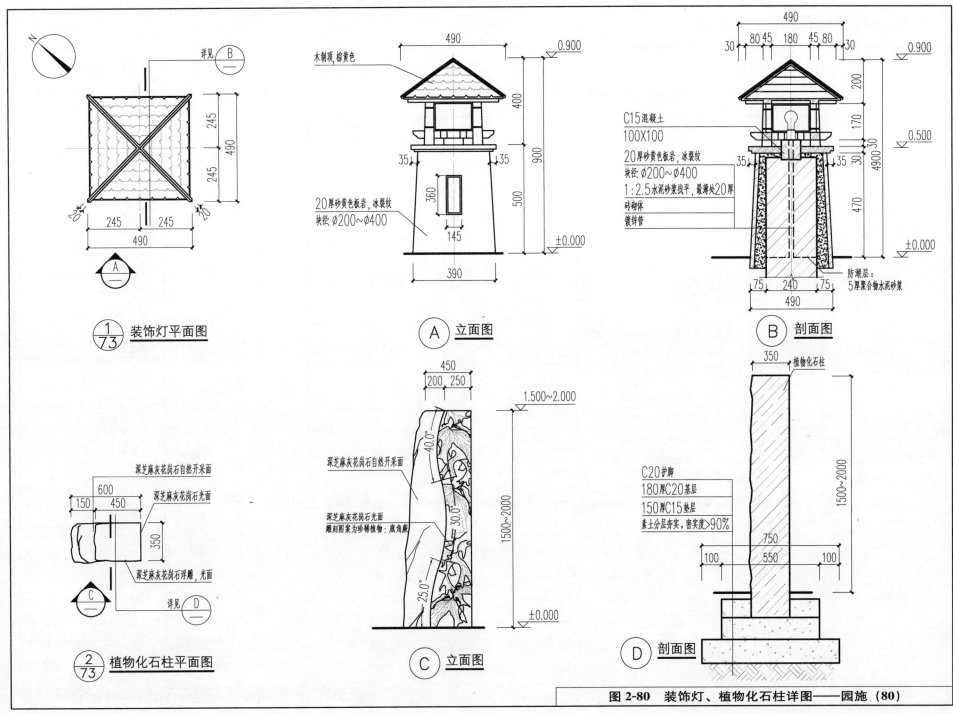

2.2 绿化种植专业

住宅小区绿化专业图纸目录

序号 SERIAL No.	图纸名称 TITLE OF DRAWINGS	图号 DRAWN No	规格 SPECS	状态 ESTATS	附注 NOTE
1	图纸目录	绿施(01)	A4	○	
2	种植设计总说明(一)	绿施(02)	A4	○	
3	种植设计总说明(二)	绿施(03)	A4	○	
4	种植设计总说明(三)	绿施(04)	A4	○	
5	种植设计总说明(四)	绿施(05)	A4	○	
6	苗木总表	绿施(06)	A4	○	
7	种植设计总平面图	绿施(07)	A4	○	
8	种植设计总平面索引图	绿施(08)	A4	○	
9	亲子乐园乔木及散植灌木平面图	绿施(09)	A4	○	
10	亲子乐园片植灌木及地被平面图	绿施(10)	A4	○	
11	休闲场地乔木及散植灌木平面图	绿施(11)	A4	○	
12	休闲场地片植灌木及地被平面图	绿施(12)	A4	○	
13	主入口乔木及散植灌木平面图	绿施(13)	A4	○	
14	主入口片植灌木及地被平面图	绿施(14)	A4	○	
15	游泳池区乔木及散植灌木平面图	绿施(15)	A4	○	
16	游泳池区片植灌木及地被平面图	绿施(16)	A4	○	

注：状态一栏中，●表示已发图纸，○表示现发图纸，□表示待发图纸，空白表示此专业不出图。图纸修改后原图自动作废。

工程设计出图专用章

防火设计自审小组审核专用章

注册章

会签 COORDINATION		
专业 SPECLALITY	姓名 NAME	签字 SIGN
总图 MASTER PLAN		
园林 LANDSCAPE		
种植 PLANT		
建筑 ARCHI.		
结构 STRUCI		
给排水 PLUMBING		
电气 ELEC.		
暖通 HVAC		

职责 RESPONSIBILITY	姓名 NAME	签字 SIGN
审定 EXAMINED		
审核 CHECKED		
项目负责 PROJ. CAPTAIN		
专业负责 SPECLAL FIELD		
校对 1st CHECKED		
设计 DESIGN		
绘图 DRAWING		
方案负责 SCHEMAIC DESIGN		

建设单位 CLIENT			
工程名称 PROJECT			
工程编号 PROJ. No.			
图名 TITLE			
版次 EDITION		比例 SCALE	
设计阶段 DESIGNSTAGE		日期 DATE	
专业 SPECIALTY		图号 DWG. No.	

图 2-81 住宅小区绿化专业图纸目录——绿施（01）

种植设计总说明（一）

一、项目概况
此项目位于××市××区。本次设计内容是××，其中包括×××，本次设计的绿地面积约为6800m²。

二、种植技术指标

种植分类	种植总面积	乔木数量	棕榈科乔木	散植灌木数量	片植灌木及地被面积	马尼拉草
数量	6800m²	318株	105株	59株	5468m²	1332m²

三、养护期要求
三个月。

四、总种植要点
（一）主要绿化分类种植要点

1. 孤立树栽植

孤立树可能被配植在草坪、岛上、山坡上等处，一般是作为重要风景树栽种的。选用作孤植的树木，要求树冠广阔或树形雄伟，或是树形优美，开花繁盛。种植时，树穴比一般树木栽植应挖得更大一些，土壤要更肥沃一些。根据构图要求，要调整好树冠的朝向，把最美的一面向着空间最宽最深的一方。栽植时对树形姿态的处理，一切以造景的需要为准。树木栽好后，要用护树架支撑树干，以防树木倾斜及倒下。护树架支撑高度宜为树高的1/2～1/3。

2. 树丛栽植

风景树丛一般是用几株或十几株乔灌木配植在一起。选择构成树丛的材料时，要注意选树形有对比的树木。一般来说，树丛中央要栽最高的和直立的树木，树丛外沿可配较矮的伞形，球形的植株。树丛中个别树木采取倾斜姿势栽种时，一定要向树丛外倾斜，不得反向树丛中央斜去。树丛内最高最大的主树，不可斜栽。树丛内植株间的株距不应一致，要有近有远，有散有聚。栽得最密时，可以土球挨土球，不留间距。

3. 风景林栽植

风景林一般用树形高大雄伟或比较独特的树种群植而成。风景林栽植施工中应注意以下三方面的问题：

（1）林地整理：在绿化施工开始的时候，首先要清理林地，地上地下的废弃物、杂物、障碍物等都要清除出去，将杂草翻到地下，把地下害虫的虫卵、幼虫和病菌翻上地面，经过高温和日照将其杀死。减少病虫对林木危害，提高林地树木的成活率。土质瘠瘦密实的，要结合翻耕松土，在土壤中掺有机肥料。

（2）林缘放线：林地准备好后，应根据设计图纸将风景林的边缘范围线测到林地地面上。放线方法可采用坐标方格网法。林地范围以内树木种植点分规则式和自然式两种方式，规则式种植点可以按设计株行距以直线定点，苗木规格要求统一。自然式种植点的确定则允许现场施工时按树丛栽植法灵活定点，苗木规格可按苗木表中的上下限值范围采购，苗木宜大中小搭配，构成风景林的层次感。

（3）林木配植：风景林内树木除以规则式种植的方式外，自然式种植不宜栽成直线形式；并使林缘线栽成自然曲折的形状。树木在林内以2～7m的株行距范围内有疏有密地栽种成林；风景林内还可以留几块小的空地不栽树木，铺上草皮或地被植物，作为林中空地通风透光；林下还可以选用耐阴的灌木或草本植物覆盖地面，增加林内景观内容。

4. 道路绿化栽植

行道树种植带宽度不小于1.2m，长度不限；种植池最短边长度不得小于1.2m。种植点与道牙石之间的距离不得小于0.5m。栽植行道树要注意解决好与地上地下管线的冲突，保证树木与各种管线之间有足够的安全距离。道路绿化种植选苗时，应力求做到苗木规格统一、分枝点高度统一。行车道苗木枝下高不小于2.5m。栽植要求树干挺直整齐，种植后应用护树架支护，以防树木倾斜及倒下。护树架支撑高度略低于苗木枝下高。

5. 旱生植物栽植

旱生植物大多数不耐水湿，因此，栽种旱生植物的基质就一定要透水性较强。如栽植多浆植物或肉质根系的花木一般要用透水性好的沙土，且种植地排水要良好，不积水及不低洼。一些耐旱而不耐湿的树木，如柚木、紫薇等，一般都要将种植点抬高，或要求地面排水系统完善，保证不受水淹。

6. 草坪栽植

（1）场地准备：

1）土层厚度：草坪植物的根系80%分布在40cm以上的土层中，而且50%以上是在地表以下20cm的范围内。为了使草坪保持优良的质量，减少管理费用，应尽可能使土层厚度达到40cm左右，最好不小于30cm。

2）土地的平整与耕翻：首先清除杂草与杂物，便于土地平整与耕翻，更主要是消灭多年生杂草，必要时可使用灭生性的内吸传导型除草剂，使用后2周可开始种草。然后初步平整场地，施基肥及翻耕。局部土质欠佳或杂土过多的地方应换土。最后进行再平整。为确保新铺草坪的平整，在换土或耕翻后应灌一次透水或压液2遍，使坚实不同的地方能显出高低，以利最后平整时加以调整土地。压实平整后，相邻硬质地面交接处的种植土应低于硬质地面2～3cm。地形过于平坦的草坪或地下水位过高的草坪、运动场的草坪均应设置暗管或明沟排水。

（2）排水及灌溉系统：在场地最后平整前，应将喷灌管网埋设完毕。理想的缓坡草坪应中部稍高，逐渐向四周或边缘倾斜，草坪排水坡度为3%较适宜，最小不低于1%，最大坡不超过45°。地形过于平坦的草坪或地下水位过高的草坪、运动场的草坪均应设置暗管或明沟排水。

（二）其他种植要点

（1）严格按苗木表规格购苗，应选择根系发达、枝干健壮，树形优美，无病虫害的苗木，大苗移植尽量减少截枝量，严禁出现没枝的单干树木，乔木主要分枝不少于4个。树形特殊的树种，分枝必须有4层以上。

图 2-82 种植设计总说明（一）——绿施（02）

种植设计总说明（二）

(2) 规则式种植的乔灌木，同一树种规格大小应统一。丛植和群植乔灌木应高低错落，灵活布置。

(3) 分层种植的花带，植物带边缘轮廓种植密度应大于规定密度，在总数量不变的情况下，施工中适当调整，平面线型应流畅，边缘成弧形。高低层次分明，且与周边点缀植物高差不少于30cm。

(4) 整形装饰篱苗木规格大小应一致，修剪整形的观赏面应为圆滑曲线弧形，起伏有致。

(5) 植后应每天浇水至少二次，集中养护管理。

(6) 大苗严格按土球设计要求移植。如果苗木运到后几天内不能按时种植，应将苗木带土球假植或裸根假植。

(7) 草皮移植平整度误差以目测平整，满足排水坡度为准。

(8) 苗木表中所规定的冠幅，是指乔木修剪小枝后，大枝的分枝最低幅度或灌木的叶冠幅。而灌木的冠幅尺寸是指叶子丰满部分。只伸出外面的二、三个单枝不在冠幅所指之内，乔木也应尽量多留些枝叶。

(9) 规格表上为修剪后乔木高度及冠幅，但要求竖向造型乔木，如：小叶榄仁、木棉、雪松、水杉、落羽杉等不能去掉主树梢。

(10) 城市建设综合工程中的绿化种植，应在主要建筑、地下管线、道路工程等主体工程完成后进行。

(11) 种植植物时，发现电缆、管道、障碍物等要停止操作，及时与有关部门协商解决。

(12) 各地被植物的种植点距路缘石等铺装边缘的距离根据植物的冠幅而定，最小距离应大于10cm。

五、苗木的土壤、土球、树穴的要求说明

1. 土壤要求

(1) 对种植地区的土壤理化性质进行化验分析，采用相应的消毒、施肥和客土等措施。

(2) 土壤应疏松湿润，排水良好，pH5～7，含有机质的肥沃土壤，强酸碱、盐土、重黏土、沙土等，均应采用客土或采取改良措施。

(3) 对草坪、花卉种植地应施基肥，翻耕25～30cm，搂平耙细，去除杂物，平整度和坡度应符合设计要求。

(4) 植物生长最低种植土层厚度应符合下表规定：

种植类型	草本花卉	草坪地被	小灌木	大灌木	浅根乔木	深根乔木
土层厚度(cm)	30	30	45	60	90	150

(5) 种植土的技术指标参见当地农业地方标准《园林绿化种植土质量》相关质量要求。

(6) 土壤物理性质指标见下表。

指标	土层深度范围(cm)	
	0～30	30～110
质量密度(g/cm³)	1.17～1.45	1.17～1.45
总空隙度(%)	≥45	45～52
非毛管空隙度(%)	≥10	10～20

2. 树穴要求

(1) 树穴应符合设计图纸要求，位置要准确。

(2) 土层干燥地区应在种植前浸树穴。

(3) 树穴应施入腐熟的有机肥作为基肥。选择的基肥不得带有难闻的刺激气味。

(4) 树穴应根据苗木根系、土球直径和土壤情况而定，树穴应梯形下挖，上宽下窄，规格应符合下表

种植树穴表（单位：cm，表中树穴直径表示格式为：面直径×底直径×深）

土球直径	20	30	40	50
树穴直径	40×30×30	50×40×40	60×50×50	80×60×60
土球直径	60	70	80	90
树穴直径	90×70×70	100×80×80	100×90×90	120×100×100
土球直径	100	110	120	
树穴直径	130×110×110	140×120×120	150×130×130	

3. 基肥

(1) 种植基肥：要求采用堆沤腐熟的有机肥或商品有机肥，基肥质量应符合《有机肥农业行业标准》（NY 525—2002）的规定。使用复合肥作追肥的，复合肥质量应符合《复合肥国家标准》（GB 15063—2001）的中浓度复合肥。

(2) 有机肥标准：有机质≥30%；总养分（N+P_2O_5+K_2O）≥4%；水分≤20%；pH：5.5～8.0。

(3) 土球（cm）与有机肥关系：20（1.0kg）、30（2.5kg）、40（4.5kg）、50（6.0kg）、60（7.0kg）、70（8.0kg）、80（8.5kg）、90（9.0kg）、100（10kg）、110（12kg）。

(4) 用肥数量：片植灌木及地被、草坪，7.5kg/m²。

六、苗木规格指标

1. 具体苗木品种规格见"种植苗木表"。表中规格为苗木种植时的规格：

(1) 高度：为苗木种植时自然或人工修剪后的高度。要求乔木尽量保留顶端生长点。表中所示示的花树木高度范围内，应每种高度都有，并结合植物造景进行高低错落搭配。

(2) 胸径：为所种植乔木离地面1.3m处的平均直径，表中规定为上限和下限，种植时最小不能小于表列下限（见图2-86）。

图 2-83 种植设计总说明（二）——绿施（03）

种植设计总说明（三）

(3) 地径：为所种植苗木地面处树干的平均直径，表中规定为上限和下限，种植时最小不能小于表列下限（见图2-86）。

(4) 冠幅：为种植时花树木经常规处理后、交叉垂直两个方向上的平均枝冠直径。在保证花树木能移植成活和满足交通运输的前提下，应尽量保留花树木原有冠幅，利于绿化尽快见效。棕榈科植物，因品种冠型特性，则按生长顶点以下留叶片数计量确定种植苗冠规格。

2. 树木、花质量：

(1) 所有树木、花必须健康、新鲜、无病虫害、无缺乏矿物质症状，生长旺盛而不老化，树皮无人为损伤或虫眼。

(2) 所有苗木的冠型应生长茂盛，分枝均衡，整冠饱满，能充分体现个体的自然景观美。乔木要求枝叶茂密，层次分明，冠形均匀，无明显损伤。灌木要求植株姿态自然，优美，丛生灌木分枝不少于5根，且生长均匀无明显病虫害。

(3) 严格按设计规格选苗，花灌木尽量选用容器苗，地苗尽量用假植苗，应保证移植根系完好，带好土球，包装结实牢靠。

(4) 截干乔木锯口处要干净、光滑、无撕裂或分裂。正常截口处理按标准《木本园林植物修剪技术规范》执行。

(5) 竹类苗木应尽量保留枝叶。

七、绿化养护

根据绿化养护规范要求，绿化养护管理时间为三个月，即从所有绿化种植全部完成、进行初检合格后起算三个月。养护期内，应及时更新复壮受损苗木等，并能按设计意图，按植物生态特性：喜阳、喜阴、耐旱、耐湿等分别养护，且据植物生长不同阶段及时调整，保持丰富的层次和群落结构。在养护期内负责清杂物、浇水保持土壤湿润，追肥，修剪整形，抹不定芽，防风，防治病虫害（应选用无公害农药），除杂草，排渍除涝等，其中：

(1) 追肥：主要追施氮肥和复合肥，草地追肥多为氮肥，结合种植土实际情况施用基肥，在三个月管养期内（工程移交前）至少按要求施追肥一次，施工时的具体用量可按施工方案依实际情况确定。

(2) 抹不定芽及保主枝：对行道树，如为截干乔木，成活后萌芽很不规则，这时应该在设计枝下高以下将全部不定芽抹掉，在枝下高以上选3~5个生长健壮，长势良好，有利于形成均匀冠幅的新芽保留，将其余的抹掉。其余乔灌木依造景需要去新芽，以利于形成优美树型为准。

(3) 绿化养护质量要求达到当地园林绿化管养规范。

八、绿化施工注意事项及施工图与实际不符处的施工处理

(1) 绿化施工要求施工单位在挖穴时注意地下管线走向，遇地下异物时做到"一探、二试、三挖"，保证不挖坏地下管线和构筑物，同时，遇有问题应及时向工程监理单位、设计单位及工程主管单位反映，以使绿化施工符合现场实际。

(2) 种植高大乔木，遇空中有高压线时应及时反映，高压线下必须有足够的净空安全高度，一般不宜种植高大乔木。具体参照有关规范标准。

(3) 如遇绿化施工图有与现场不符处，应及时反映给设计单位，以便及时处理。

(4) 行道树与地下管线、建（构）筑物及架空导线间的距离见以下各表。

行道树与地下管线的水平间距（单位：m）

沟管名称	至中心最小间距		沟管名称	至中心最小间距	
	乔木	灌木		乔木	灌木
给水管、闸井	1.5	不限	弱电电缆沟、电力电信杆	2.0	0.5
污水管、雨水管、探井	1.0	不限	乙炔氧气管、压缩空气管	2.0	2.0
排水盲沟	1.0	不限	消防龙头、天然瓦斯管	1.2	1.2
电力电缆、探井	1.5	0.5	煤气管、探井、石油管	1.5	1.5
热力管、路灯电杆	2.0	1.0			

行道树与建筑、构筑物的水平间距（单位：m）

道路环境及附属设施	至乔木主干最小距离	至灌木中心最小距离	道路环境及附属设施	至乔木主干最小距离	至灌木中心最小距离
有窗建筑外墙	3.0	1.5	排水明沟边缘	1.0	0.5
无窗建筑外墙	2.0	1.5	铁路中心线	8.0	4.0
人行道边缘	0.75	0.5	邮筒、路牌、站标	1.2	1.2
车行道边缘	1.5	0.5	警亭	3.0	2.0
电线塔、柱、杆	2.0	不限	水准点	2.0	1.0
冷却塔	塔高1.5倍	不限			

行道树与架空电线的间距（单位：m）

电线电压	水平间距	垂直间距	电线电压	水平间距	垂直间距
1kV	1.0	1.0	35~110kV	4.0	4.0
1~20kV	3.0	3.0	154~220kV	5.0	5.0

九、树木支护要求

(1) 需设置护树架的种植类型有：
1) 属行列式规则种植的乔木如：行道树、树阵等；
2) 超大规格的孤植树、名木古树等大树。

(2) 护树架为圆木、竹竿或拉索等方式，支撑点离地不超过树高1/3~2/3处。

图2-84 种植设计总说明（三）——绿施（04）

种植设计总说明（四）

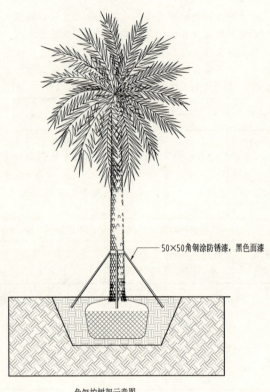

角钢护树架示意图

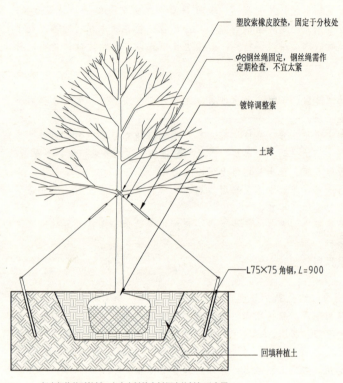

超大规格的孤植树、名木古树等大树钢索护树架示意图

图 2-85　种植设计总说明（四）——绿施（05）

苗 木 总 表

乔木及散植灌木种植苗木表

序号	名称	拉丁名	规格(cm) 胸径	规格(cm) 高度	规格(cm) 冠幅	数量	单位	备注
1	南洋楹	Albizia falcataria	15	400~450	300~350	11	株	4层以上分枝/株,保留顶梢
2	秋枫	Bischofia javanica	20	400~450	300~350	15	株	4以上主分枝/株
3	黄槐	Cassia surattensis	6~8	300	250	7	株	3以上主分枝/株
4	垂叶榕	Ficus benjamina	8	300	250	23	株	3以上主分枝/株
5	白兰	Michelia alba	8~10	300~350	300	12	株	2以上主分枝/株
6	盆架子	Alstonia rostrata	8~10	400~450	300	11	株	4层以上分枝/株,保留顶梢
7	桃花心木	Swietenia mahsgoni	15	300~350	300	8	株	4以上主分枝/株
8	小叶榕	Ficus microcarpa	15	300~350	300	3	株	4以上主分枝/株
9	洋紫荆	Bauhinia blakeana	15~18	300~350	300	24	株	4以上主分枝/株
10	鹅掌枫	Heteropanax fragrans	10~12	300	250	2	株	3以上主分枝/株
11	黄槿	Hibiscur tiliaceus	8	300	200	13	株	4以上主分枝/株
12	马占相思	Acacia mangium	6	300~350	200	16	株	4以上主分枝/株
13	蒲桃	Syzygium jambos	10~12	300~350	300	5	株	4以上主分枝/株
14	树菠萝	Bruguiera gymnorhiza	10~12	300~350	300	22	株	4以上主分枝/株
15	长叶榕	Ficus celebensis		250	200	12	株	姿形优美,假植苗
16	水石榕	Elaeocarpus hainanensis	6~8	300	250	8	株	5层以上分枝/株,保留顶梢
17	串钱柳	Collistamon viminalis	8~10	300	300	8	株	4以上主分枝/株
18	腊肠树	Cassia fistula	15	300~350	300	3	株	4以上主分枝/株
19	朴树	Celtis sinensis	12~15	300	300	2	株	4以上主分枝/株
20	凤凰木	Delonix regia	25	400~450	300~350	41	株	4以上主分枝/株
21	二乔玉兰	Magnolia soulangeana		250	200	15	株	3以上主分枝/株
22	鸡蛋花(大)	Plumeria rubra	25	400~450	300~350	2	株	5级以上主分枝/株
23	鸡蛋花	Plumeria rubra	6	250	200	20	株	4以上主分枝/株
24	小叶榄仁	Terminalia calamansanai	10~12	300~350	300	6	株	4以上主枝/株
25	刺桐	Erythrina variegata varorientalls	20	400~450	300~350	23	株	4以上主枝/株
26	大花紫薇	Lagerstroemia speciosa	8~10	300~350	300	6	株	3以上主枝/株
27	霸王棕	Bismarckia nobilis		250	200	5	株	姿形优美,假植苗
28	狐尾棕	Wodyetia bifurcats	地径30以上	400~450	200~250	3	株	干高300cm以上,干挺直
29	海南椰子	Cocos nucifera	地径40以上	450~500	350~400	60	株	干高350cm以上,干自然型
30	(高于)蒲葵	Livistona chinensis	地径30以上	550~600	200~250	10	株	干高350cm以上,干挺直
31	油棕	Elaeis guineensis	地径30以上	550~600	200~250	12	株	干高350cm以上,干挺直
32	加拿利海枣	Phoenix canariensis	地径40以上	550~600	300~350	6	株	干高350cm以上,干挺直
33	中东海枣	Phoenix sylvestris	地径40以上	550~600	300~350	9	株	干高350cm以上,干挺直
34	丝兰	Yucca gloriosa		80	80	3	株	姿形优美,假植苗
35	小叶紫薇	Iagerstroe miaindica		120~150	80	28	丛	姿形优美,假植苗
36	黄花朱槿	Hibiscus rosa-sinensis Flavus		100	80	28	株	姿形优美,假植苗

片植灌木及地被种植苗木表

序号	名称	拉丁名	规格(cm) 高度	规格(cm) 冠幅	数量	单位	面积(m²)	备注
1	蚌花	Rhoeo discolor	15~20	15~20	1944	袋	54	36袋/m²
2	蜘蛛兰	Hymenocallis littrorallis	15~20	15~20	14945	袋	305	49袋/m²
3	葱兰	Zephyranthes candida	15~20	15~20	640	袋	10	64袋/m²
4	紫花马缨丹	Lantana camara	20~25	20~25	3871	袋	79	49袋/m²
5	紫花满天星	Cupheah yssopifolia	20~25	20~25	3528	袋	98	36袋/m²
6	黄金叶	Duranta repens cv. Dwarf Yellow	20~25	20~25	16128	袋	448	36袋/m²
7	红背桂	Excoecaria cochinchinensis	20~25	20~25	4320	袋	120	36袋/m²
8	鸢尾	Iris tectorum	20~25	20~25	4104	袋	114	36袋/m²
9	福建茶	Carmona microphylla	20~25	20~25	2772	袋	77	36袋/m²
10	花叶假连翘	Duranta erecta	20~25	20~25	3636	袋	101	36袋/m²
11	银边沿阶草	Ophiopogon bodinieri	20	20	3776	袋	59	64袋/m²
12	鹅掌藤	Schefflera arboricola	25~30	20~25	5750	袋	230	25袋/m²
13	大叶红草	Alternanthera ficoidea	20~25	20~25	1008	袋	28	36袋/m²
14	彩虹竹芋	Calathea roseopicta	20~25	20~25	2448	袋	68	36袋/m²
15	合果芋	Syngonium podophyllum	20~25	20~25	1800	袋	50	36袋/m²
16	美人蕉	Canna generalis	30~35	20~25	7125	袋	285	25袋/m²
17	栀子花	Gardenia jasminoides	30~35	30	2752	袋	172	16袋/m²
18	肾蕨	Nephrolepis cordifolia	30	20~25	5544	袋	154	36袋/m²
19	希美丽	Hamelia patens	30	20~25	5544	袋	154	36袋/m²
20	毛杜鹃	Rhododendron mucronatum	30~35	30	10400	袋	650	16袋/m²
21	花叶姜	Alpinia zerumber Variegata	30~35	20~25	5400	袋	216	25袋/m²
22	月季	Rosa chinensis	30~35	30	3168	袋	198	16袋/m²
23	龙船花	Ixora duffii Super King	30~35	30	1776	袋	111	16袋/m²
24	茉莉	Jasminum sambac	30~35	30	3425	袋	137	25袋/m²
25	长春花	Catharanthus roseus	30~35	30	2025	袋	81	25袋/m²
26	云南黄素馨	Jasminum nudiflourum	30~35	30	3969	袋	81	49袋/m²
27	鹤望兰	Strelitzia reginae	30~35	30	2625	袋	105	25袋/m²
28	广东万年青	Aglaonema modestum	30~35	30	464	袋	29	16袋/m²
29	金乌鹤蕉	Heliconia psittacorum	30~35	20~25	200	袋	8	25袋/m²
30	虎尾兰	Sansevieria trifasciata	30~35	20~25	1175	袋	47	25袋/m²
31	一叶兰	Aspidistra elatior	30	20~25	600	袋	24	25袋/m²
32	五星花	Pentas lanceolata	30~35	30	160	袋	10	16袋/m²
33	金脉爵床	Sanchezia nobilis	35~40	30	448	袋	28	16袋/m²
34	绣球花	Vibumum macrocephalum	35~40	30	656	袋	41	16袋/m²
35	勒杜鹃	Bougainvillea spectabilis	35~40	30	512	袋	32	16袋/m²
36	春羽	Philodendron sellourn	35~40	30	448	袋	28	16袋/m²
37	红绒球	Calliandra haematocephala	40~45	30	1232	袋	77	16袋/m²
38	海南洒金	Codiaeum variegatum	40~45	30	1888	袋	118	16袋/m²
39	龟背竹	Monstera deliciosa	45~50	35	992	袋	62	16袋/m²
40	圆叶蒲葵	Ravenea rivularis	50	50	60	袋	15	4袋/m²
41	红朱蕉	Cordyline terminalis	50~60	30	688	袋	43	16袋/m²
42	四季桂	Osmanthus fragrans Semperflorens	60~70	50	236	袋	59	4袋/m²
43	洋金凤	Caesalpinia pulcherrima	60~70	50	104	袋	26	4袋/m²
44	棕竹	Rhapis excelsa	60~70	50	212	丛	53	4丛/m² 8~12杆/丛
45	海芋	Alocasia macrorrhiza	80	40	1782	袋	198	9袋/m²
46	金花生	Arachis duranensis				袋	385	
47	马尼拉草	Zoysia matrella				袋	1332	

图 2-86 苗木总表——绿施（06）

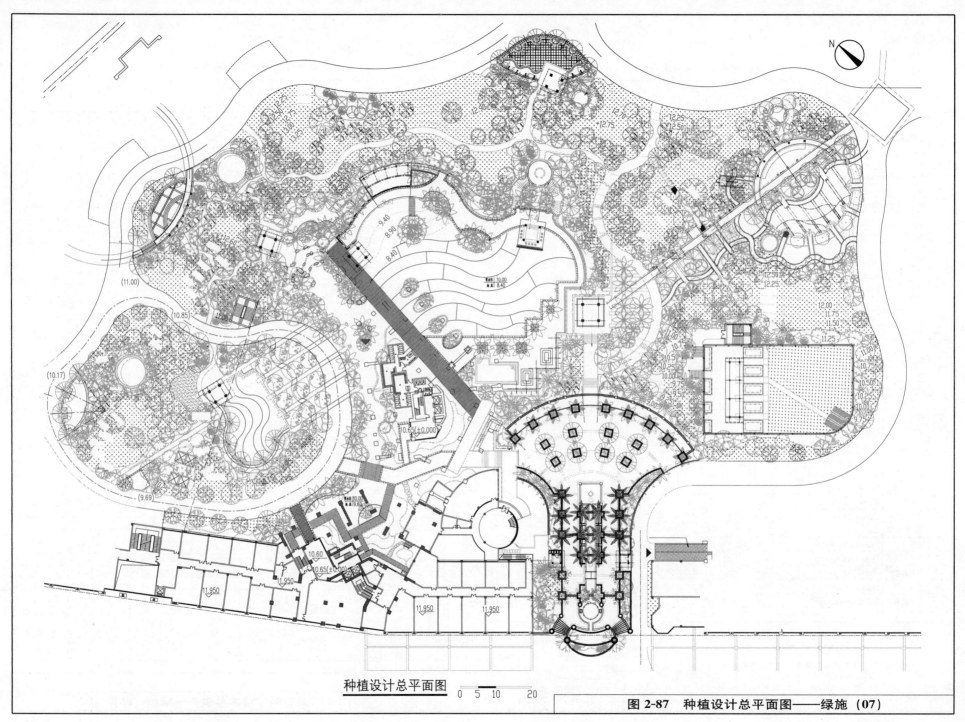

种植设计总平面图

图 2-87 种植设计总平面图——绿施（07）

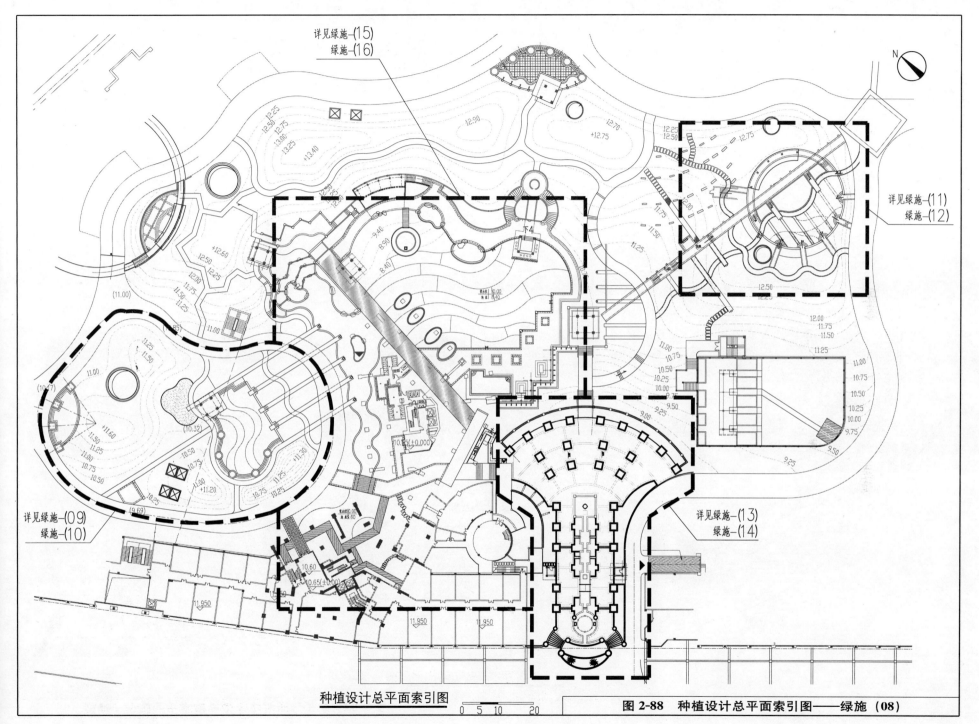

图 2-88 种植设计总平面索引图——绿施（08）

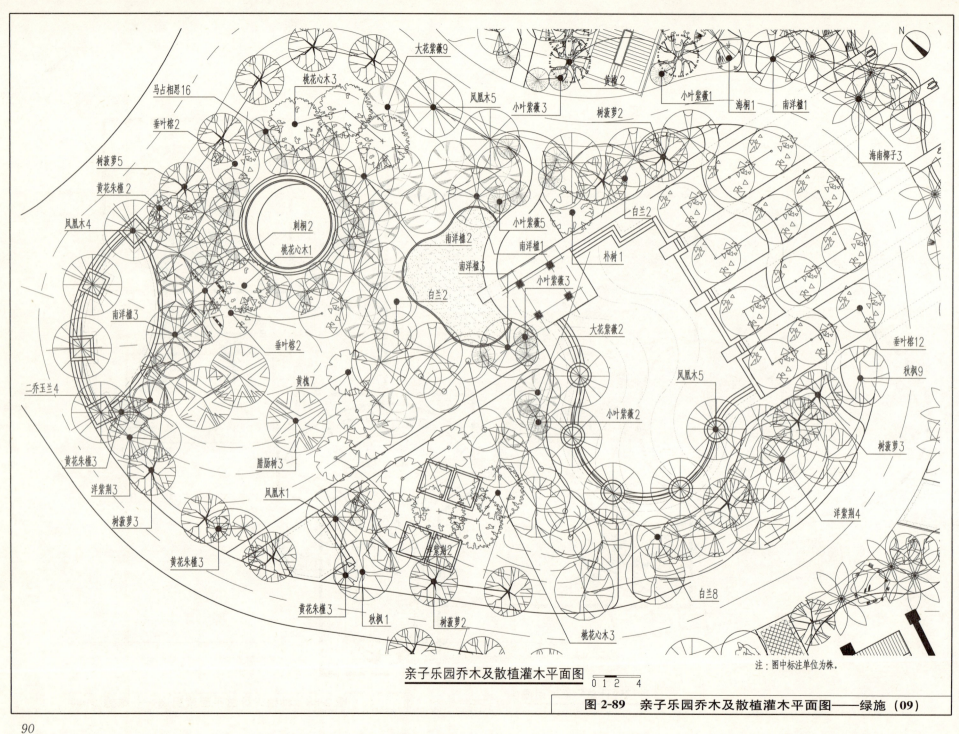

亲子乐园乔木及散植灌木平面图

注：图中标注单位为株。

图 2-89 亲子乐园乔木及散植灌木平面图——绿施（09）

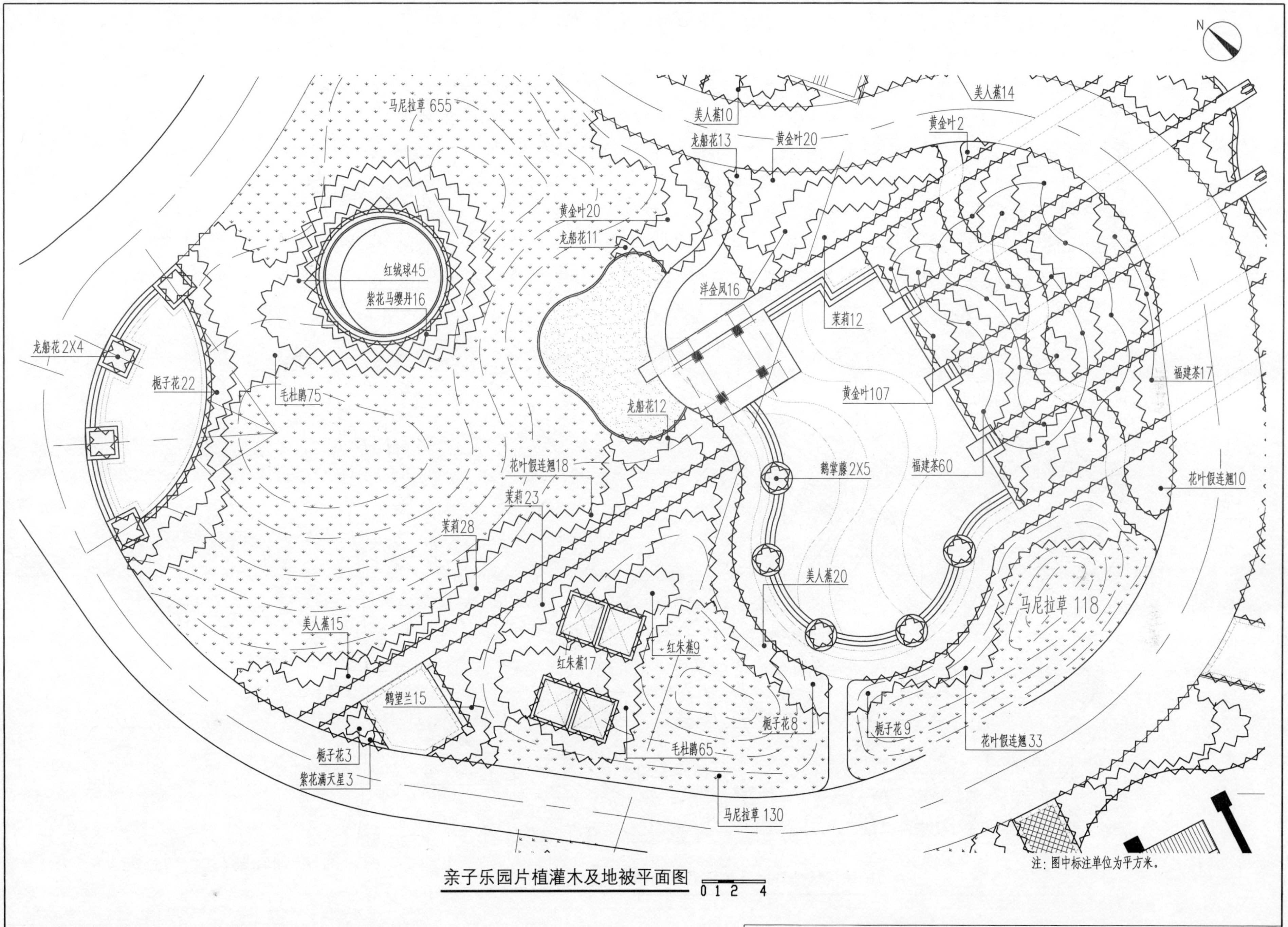

亲子乐园片植灌木及地被平面图

注：图中标注单位为平方米。

图 2-90 亲子乐园片植灌木及地被平面图——绿施（10）

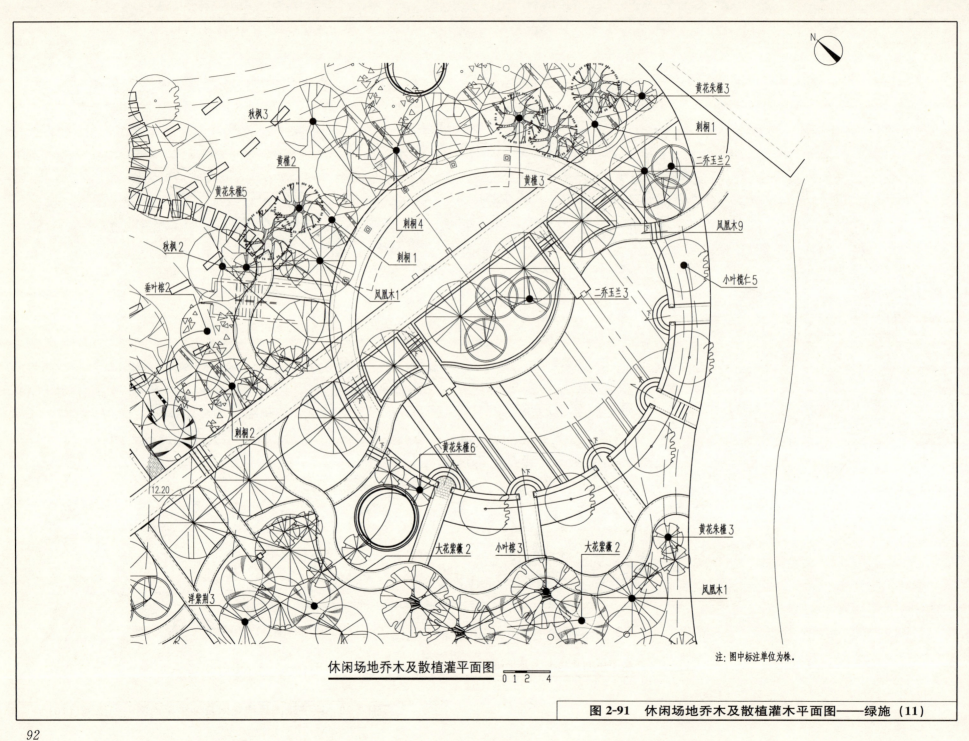

图 2-91 休闲场地乔木及散植灌木平面图——绿施（11）

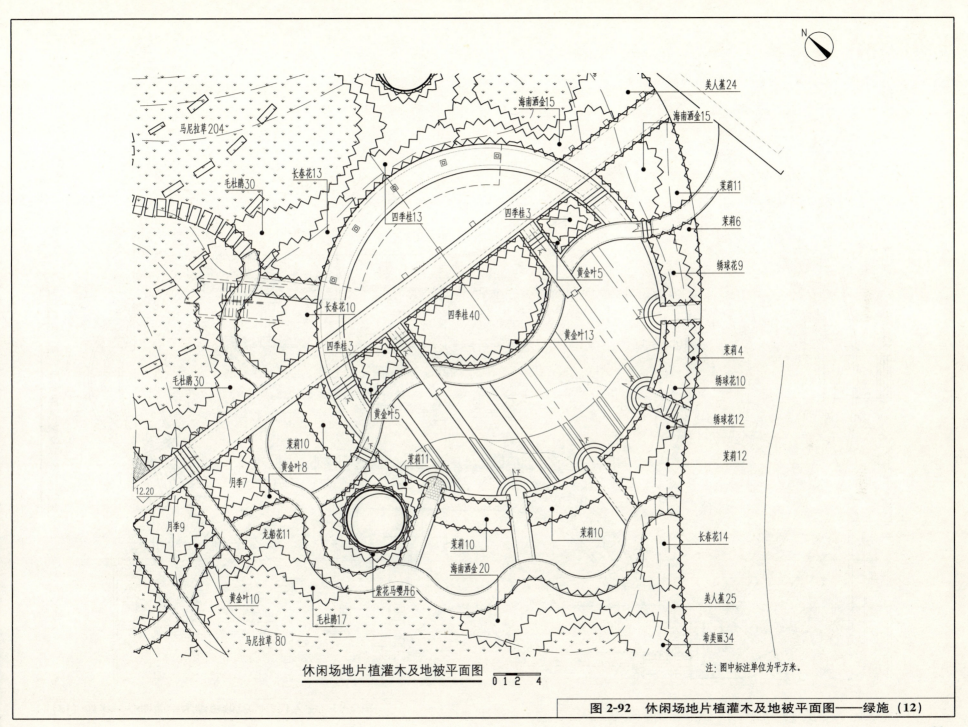

休闲场地片植灌木及地被平面图

注：图中标注单位为平方米。

图 2-92 休闲场地片植灌木及地被平面图——绿施（12）

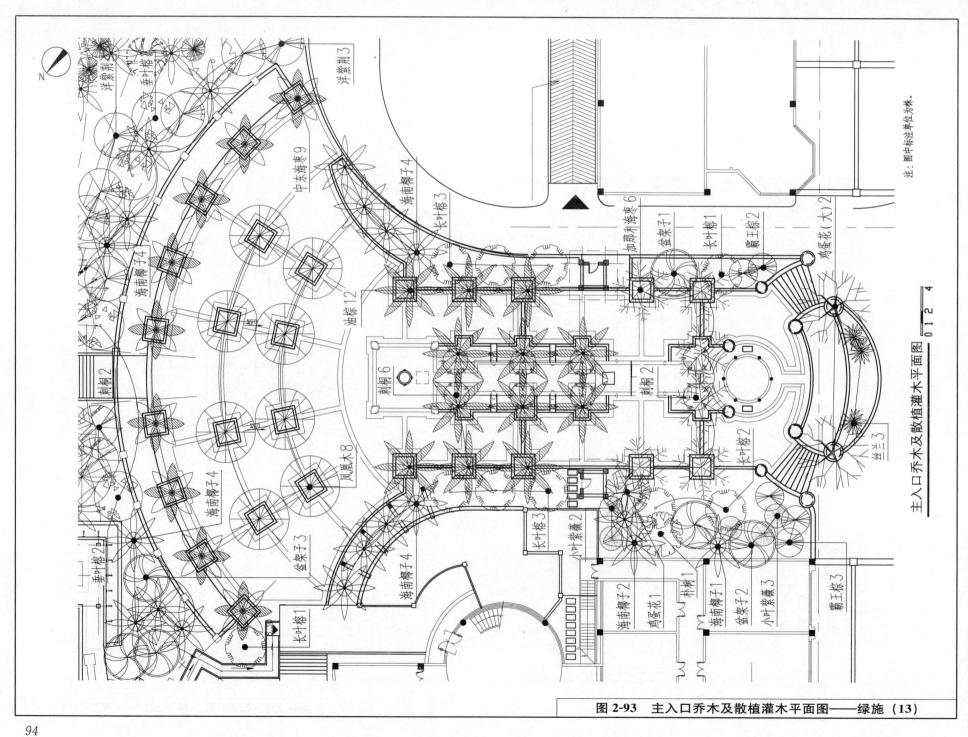

图 2-93 主入口乔木及散植灌木平面图——绿施（13）

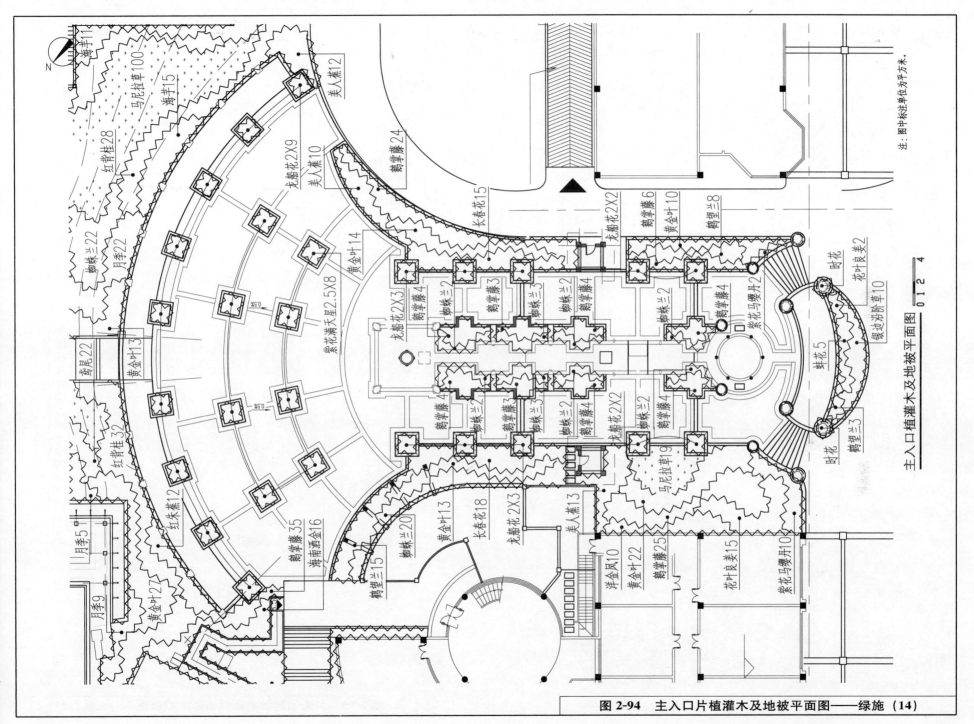

图 2-94 主入口片植灌木及地被平面图——绿施（14）

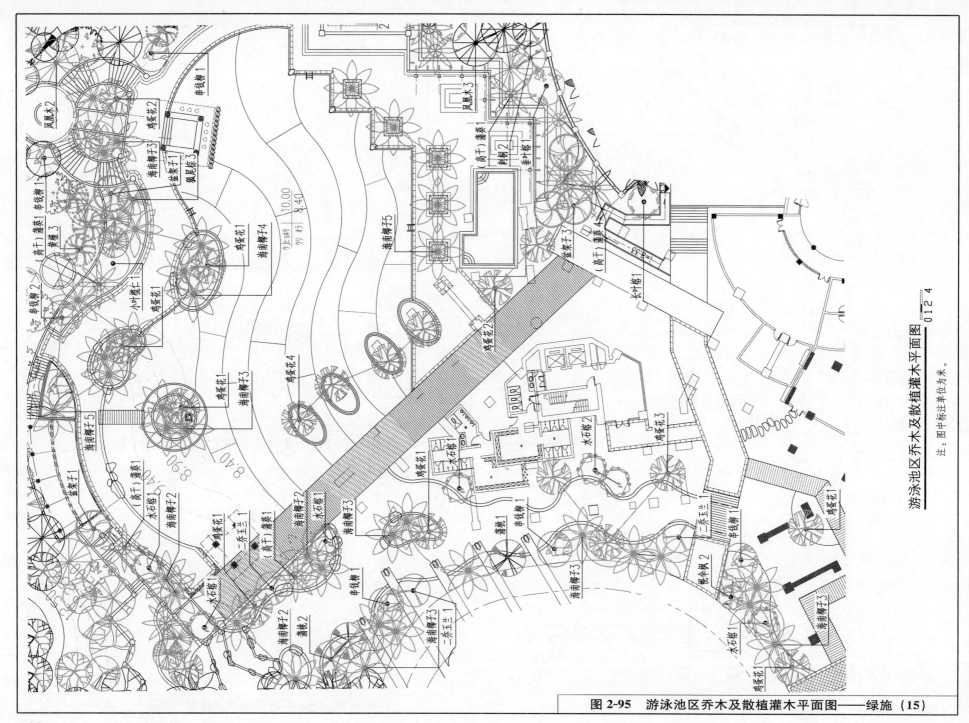

图 2-95 游泳池区乔木及散植灌木平面图——绿施（15）

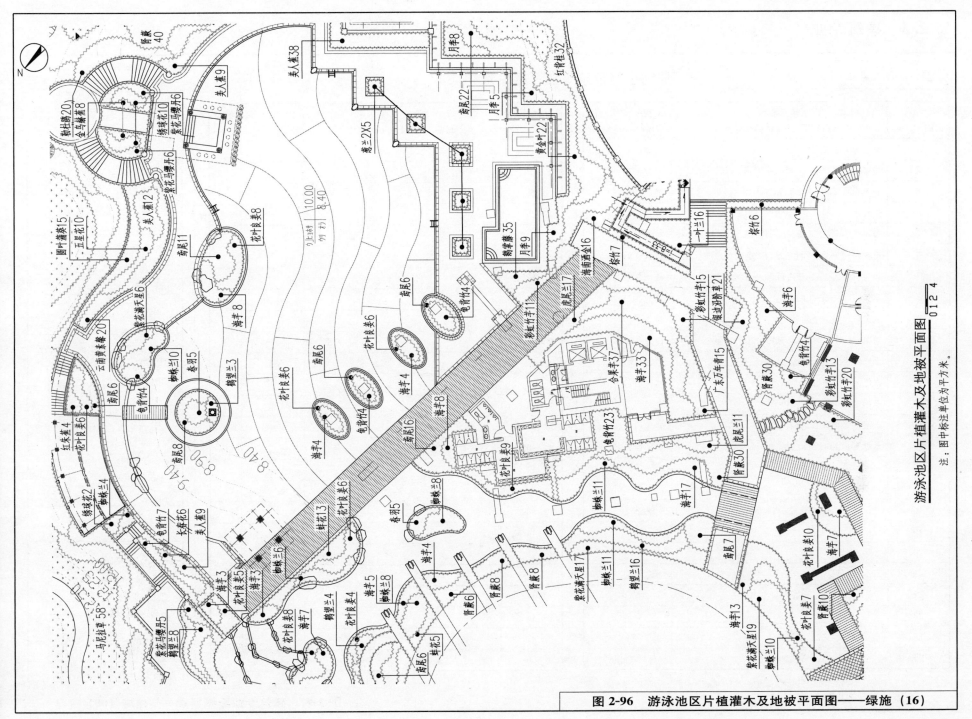

图 2-96 游泳池区片植灌木及地被平面图——绿施(16)

2.3 建筑专业

住宅小区建筑专业图纸目录

序号 SERIAL No.	图纸名称 TITLE OF DRAWINGS	图号 DRAWN No	附注 NOTE	序号 SERIAL No.	图纸名称 TITLE OF DRAWINGS	图号 DRAWN No	附注 NOTE
1	建筑专业图纸目录	建施(00)		26			
2	管理亭一层平面图、屋顶平面图	建施(01)		27			
3	管理亭①-②、Ⓐ-Ⓑ立面图、1-1剖面图	建施(02)		28			
4	景观亭一层平面图、屋顶平面图	建施(03)		29			
5	景观亭①-②立面图、1-1剖面图	建施(04)		30			
6	廊架(一)一层平面图、屋顶平面图	建施(05)		31			
7	廊架(一)①-⑤展开立面图、1-1剖面图	建施(06)		32			
8	廊架(二)一层平面图	建施(07)		33			
9	廊架(二)屋顶平面图	建施(08)		34			
10	廊架(二)①-⑤展开立面图、1-1剖面图	建施(09)		35			
11	水吧标高3.00m平面图、一层平面图	建施(10)		36			
12	水吧木平台平面、剖面、排水大样	建施(11)		37			
13	水吧A-A剖面图、大样	建施(12)		38			
14	水吧B-B剖面图、大样	建施(13)		39			
15	水吧C-C、D-D剖面图	建施(14)		40			
16				41			
17				42			
18				43			
19				44			
20				45			
21				46			
22				47			
23				48			
24				49			
25				50			

工程设计出图专用章

防火设计自审小组审核专用章

注册章

会签 COORDINATION		
专业 SPECLALITY	姓名 NAME	签字 SIGN
总图 MASTER PLAN		
园林 LANDSCAPE		
种植 PLANT		
建筑 ARCHI.		
结构 STRUCI		
给排水 PLUMBING		
电气 ELEC.		
暖通 HVAC		

职责 RESPONSIBILITY	姓名 NAME	签字 SIGN
审定 EXAMINED		
审核 CHECKED		
项目负责 PROJ. CAPTAIN		
专业负责 SPECLAL FIELD		
校对 1st CHECKED		
设计 DESIGN		
绘图 DRAWING		
方案负责 SCHEMAIC DESIGN		

建设单位 CLIENT		
工程名称 PROJECT		
工程编号 PROJ. No.		
图名 TITLE		
版次 EDITION		比例 SCALE
设计阶段 DESIGNSTAGE		日期 DATE
专业 SPECIALTY		图号 DWG. No.

图2-97 建筑专业图纸目录——建施(00)

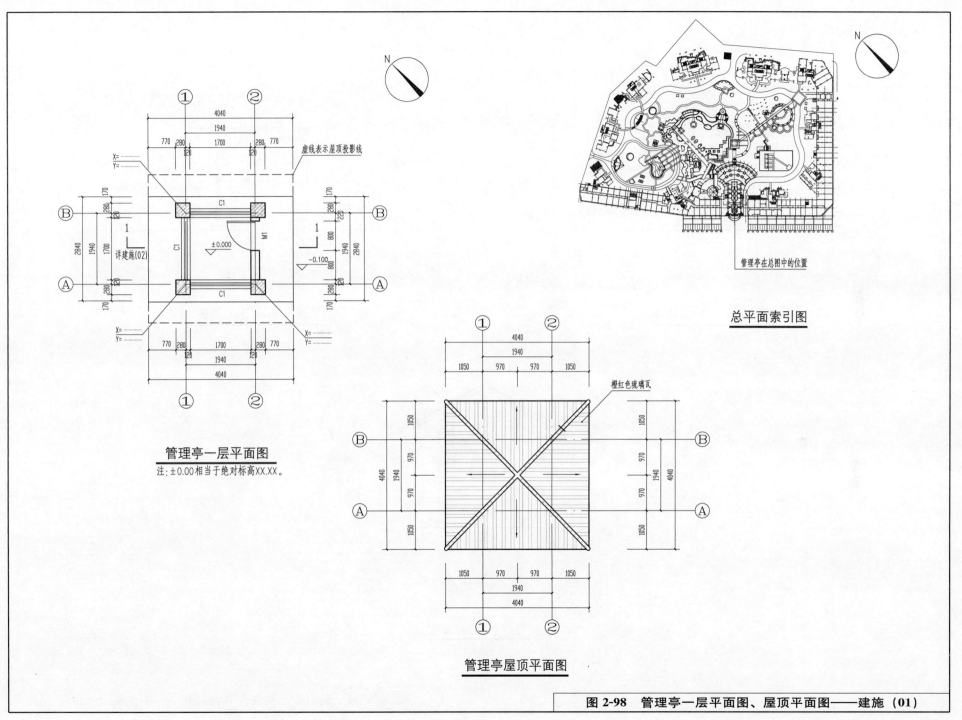

图 2-98 管理亭一层平面图、屋顶平面图——建施（01）

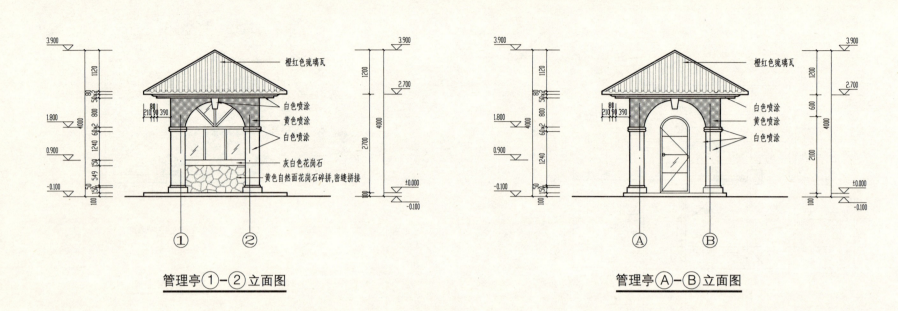

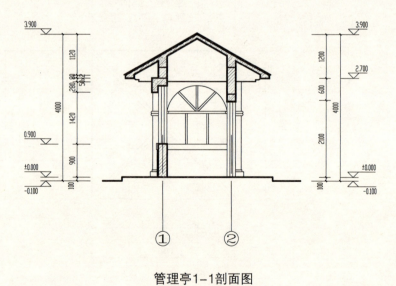

图 2-99　管理亭①-②、Ⓐ-Ⓑ立面图、1-1 剖面图——建施（02）

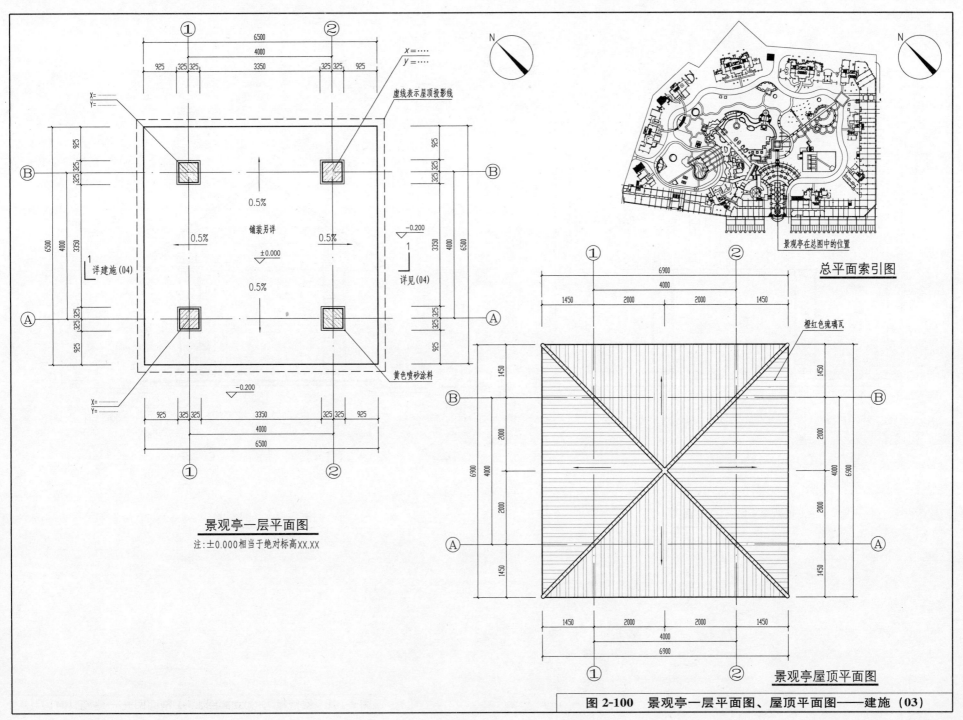

图 2-100 景观亭一层平面图、屋顶平面图——建施（03）

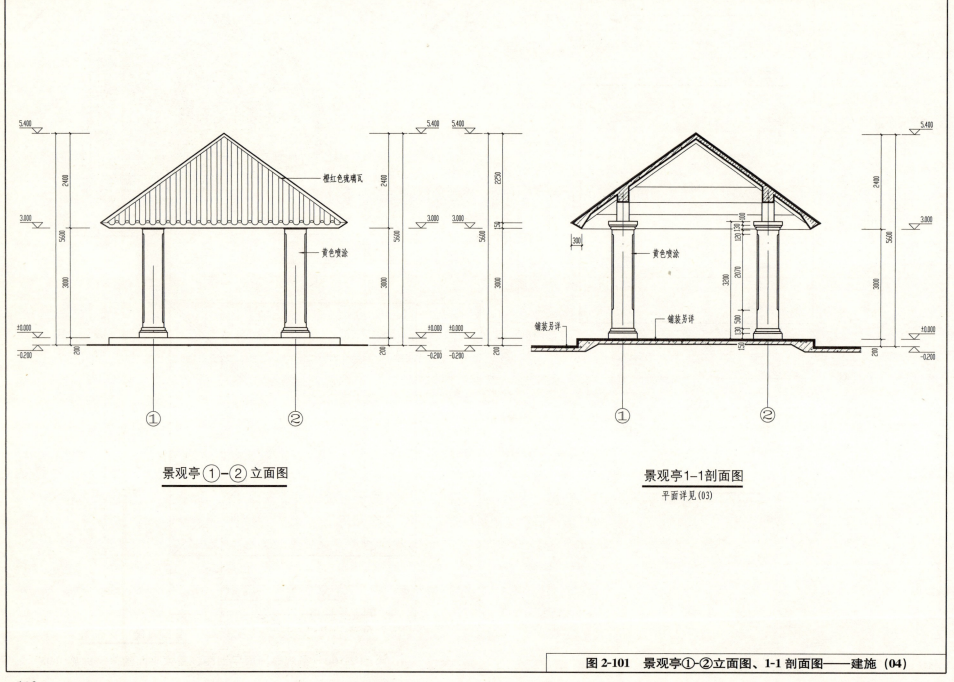

图 2-101 景观亭①-②立面图、1-1 剖面图——建施（04）

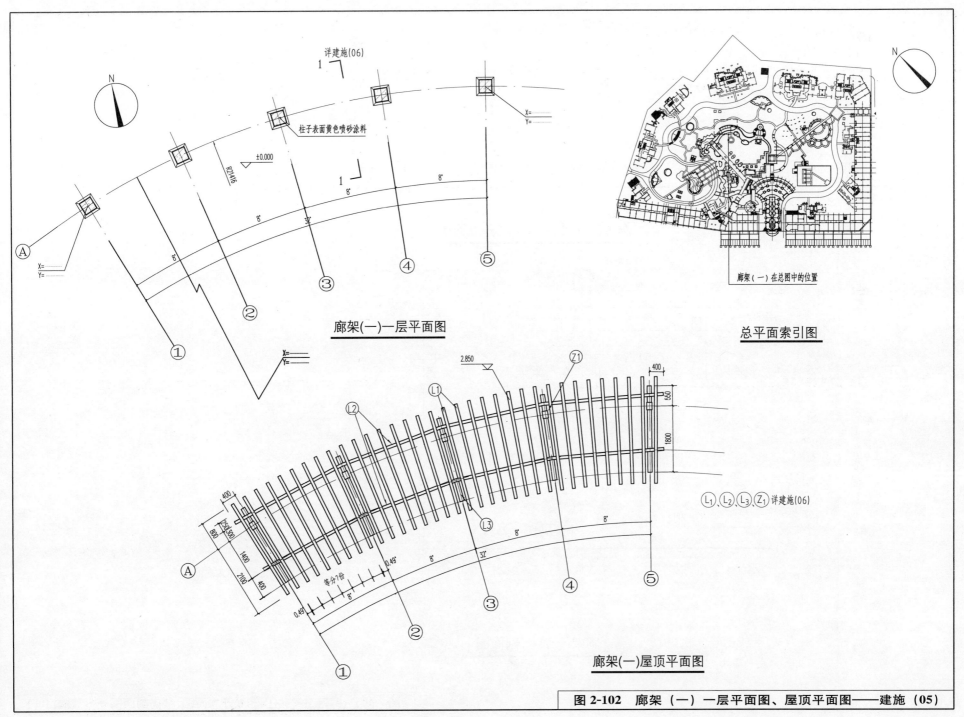

图 2-102 廊架（一）一层平面图、屋顶平面图——建施（05）

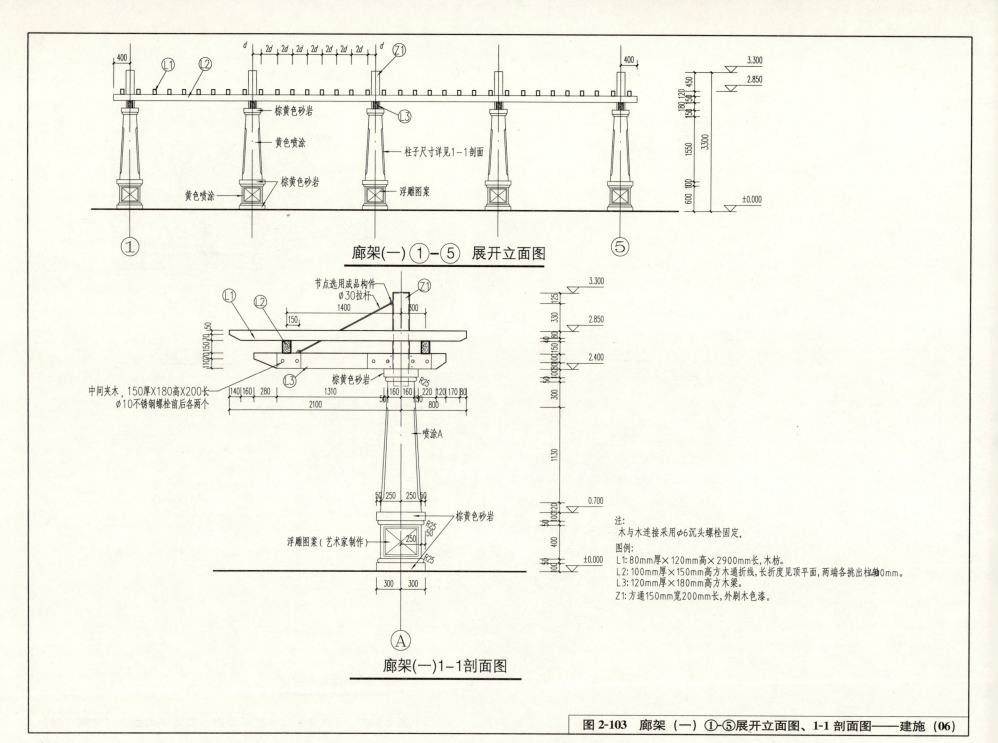

图2-103 廊架（一）①-⑤展开立面图、1-1剖面图——建施（06）

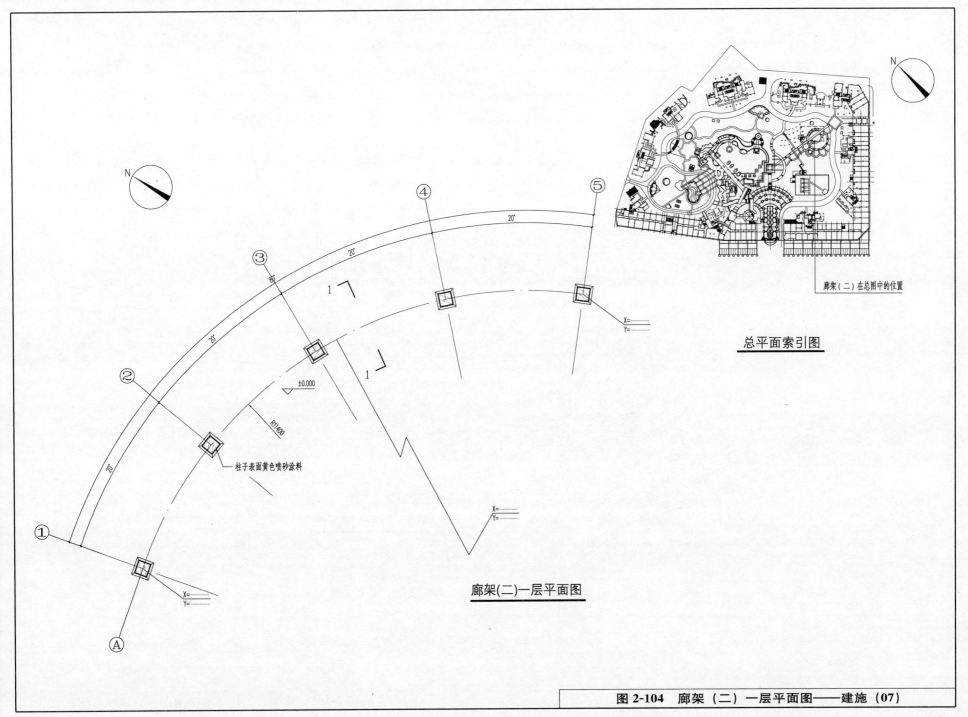

图 2-104 廊架（二）一层平面图——建施（07）

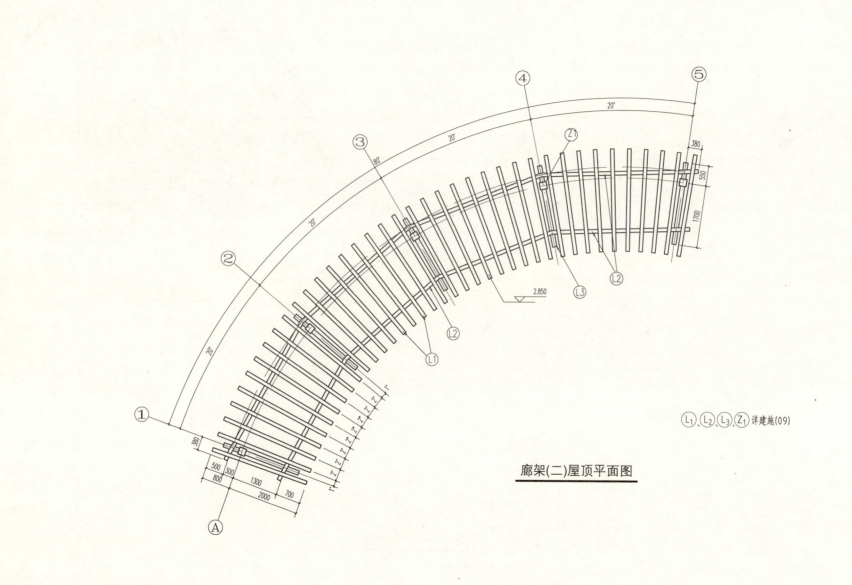

图 2-105 廊架（二）屋顶平面图——建施（08）

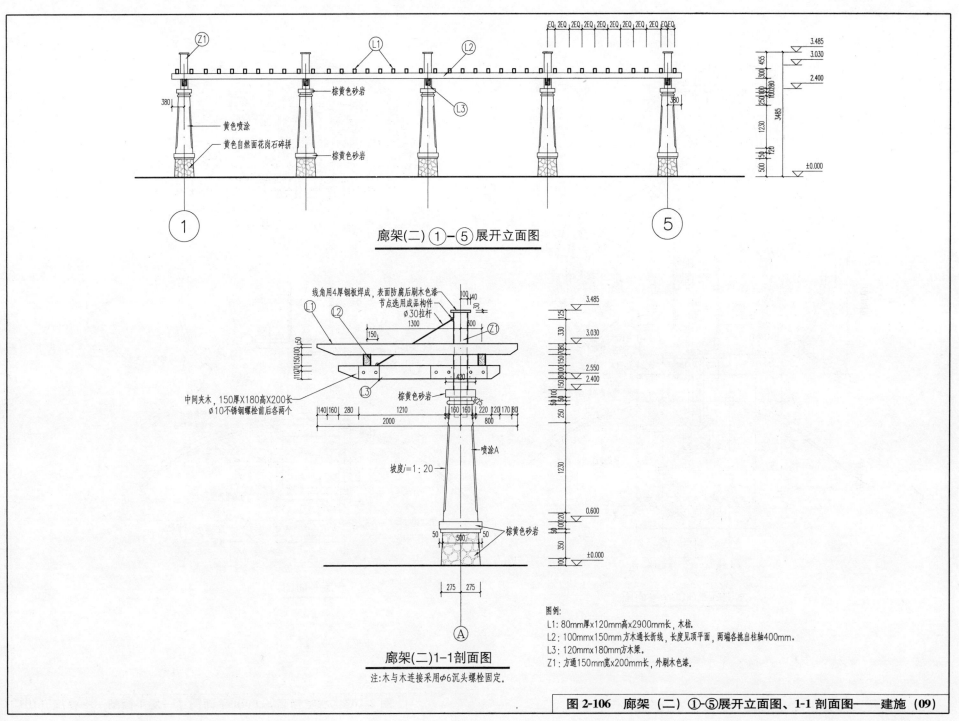

图 2-106 廊架（二）①-⑤展开立面图、1-1 剖面图——建施（09）

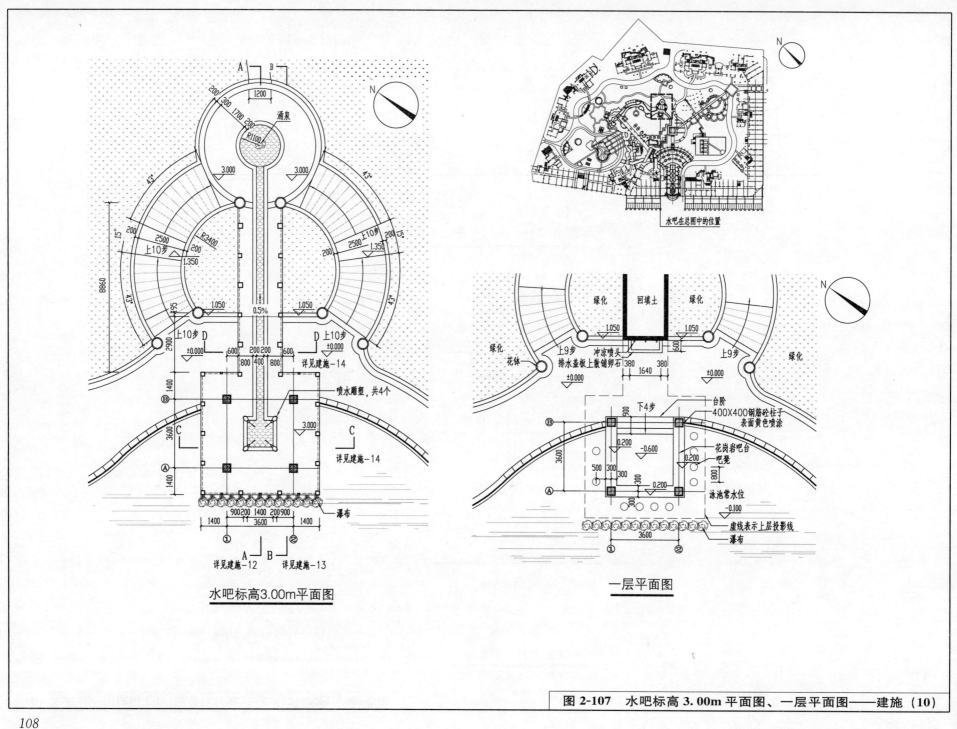

图 2-107 水吧标高3.00m平面图、一层平面图——建施（10）

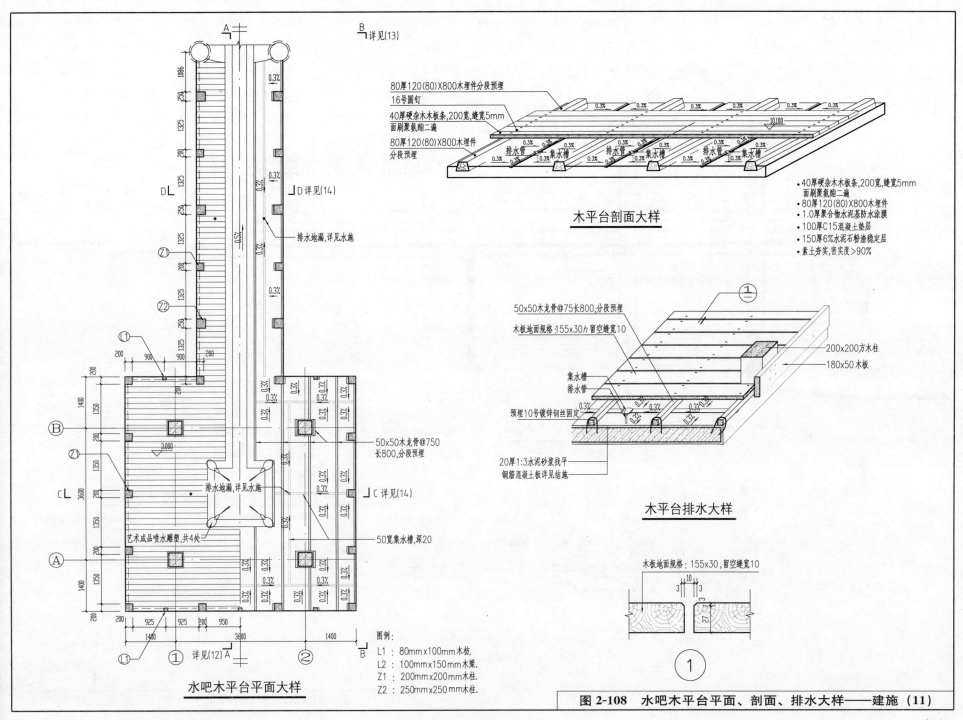

图 2-108 水吧木平台平面、剖面、排水大样——建施（11）

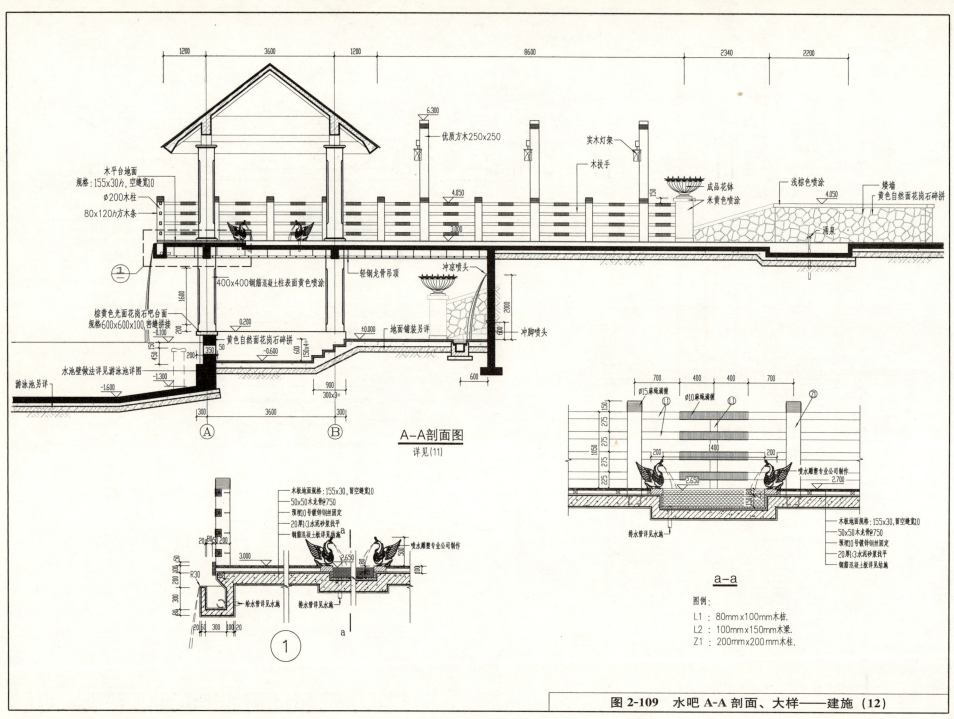

图 2-109 水吧 A-A 剖面、大样——建施（12）

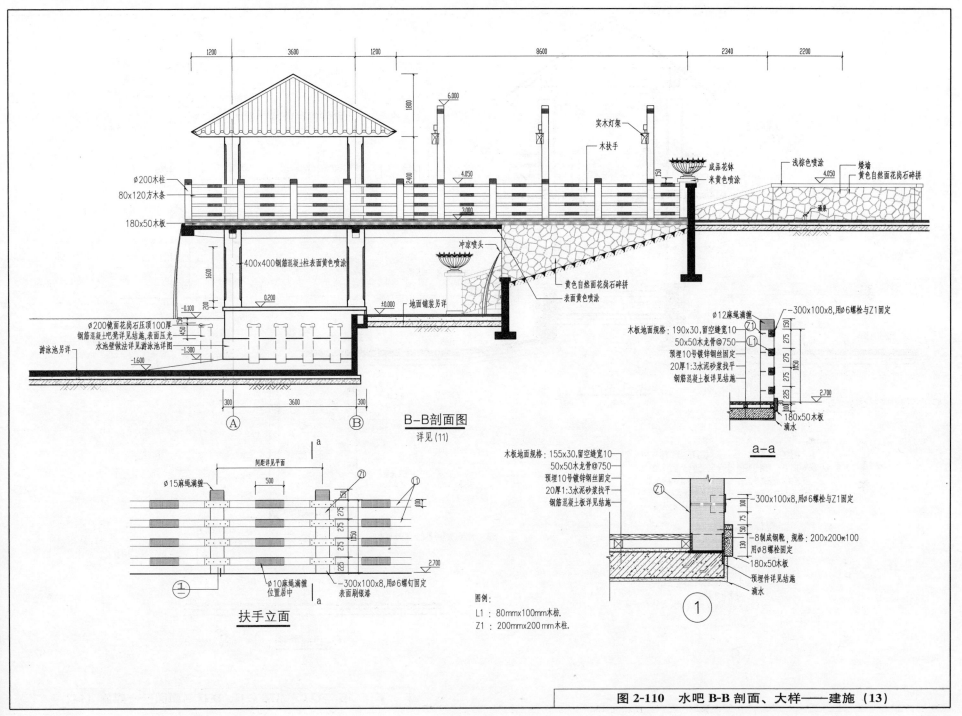

图 2-110 水吧 B-B 剖面、大样——建施（13）

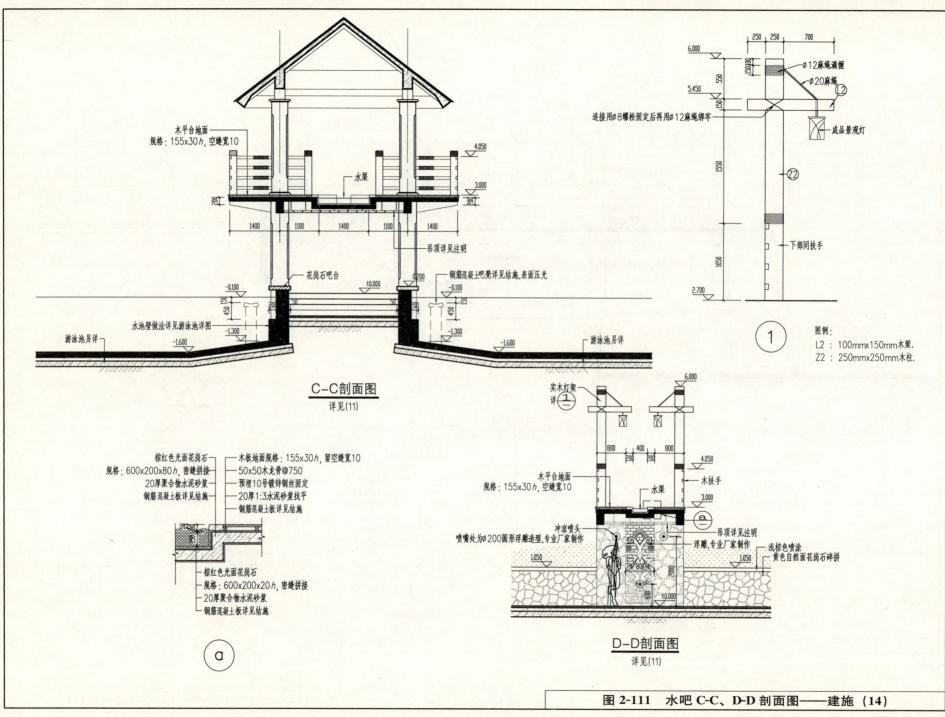

图 2-111 水吧 C-C、D-D 剖面图——建施(14)

2.4 结构专业

住宅小区结构专业图纸目录

序号 SERIAL No.	图纸名称 TITLE OF DRAWINGS	图号 DRAWN No	附注 NOTE
1	结构专业图纸目录	结施(00)	
2	结构设计总说明(一)	结施(01)	
3	结构设计总说明(二)	结施(02)	
4	入口水景放大详图(一)	结施(03)	
5	入口水景放大详图(二)	结施(04)	
6	入口水景放大详图(三)	结施(05)	
7	主入口景观亭平面图	结施(06)	
8	景观亭平台详图(一)、(二)	结施(07)	
9	吐水景墙详图(一)	结施(08)	
10	吐水景墙详图(二)及水溪景桥二详图	结施(09)	
11	流水景墙详图(一)	结施(10)	
12	流水景墙详图(二)	结施(11)	
13	主入口水景二平面图	结施(12)	
14	主入口水景二剖面图	结施(13)	
15	游泳池详图	结施(14)	
16	水景四平面图	结施(15)	
17	水景四详图	结施(16)	
18	游泳池内种植池壁详图	结施(17)	
19	游泳池剖面详图	结施(18)	
20	水溪详图(一)	结施(19)	
21	水溪详图(二)	结施(20)	
22	水溪详图(三)	结施(21)	
23	游泳池景桥详图	结施(22)	
24	平衡水池详图	结施(23)	
25	景观柱详图	结施(24)	

序号 SERIAL No.	图纸名称 TITLE OF DRAWINGS	图号 DRAWN No	附注 NOTE
26	儿童泳池平面图	结施(25)	
27	儿童泳池详图	结施(26)	
28	游泳池木栈道剖面图	结施(27)	
29	砖砌景墙基础详图	结施(28)	
30	管理亭详图(一)	结施(29)	
31	管理亭详图(二)	结施(30)	
32	管理亭详图(三)	结施(31)	
33	景观亭详图(一)	结施(32)	
34	景观亭详图(二)	结施(33)	
35	景观亭详图(三)	结施(34)	
36	廊架(一)详图	结施(35)	
37	廊架(二)详图	结施(36)	
38	廊架基础详图	结施(37)	
39	水吧详图(一)	结施(38)	
40	水吧详图(二)	结施(39)	
41	水吧详图(三)	结施(40)	
42	水吧详图(四)	结施(41)	
43	水吧详图(五)	结施(42)	
44	水吧详图(六)	结施(43)	
45	水吧详图(七)	结施(44)	
46			
47			
48			
49			
50			

工程设计出图专用章

防火设计自审小组审核专用章

注册章

会签 COORDINATION		
专业 SPECLALITY	姓名 NAME	签字 SIGN
总图 MASTER PLAN		
园林 LANDSCAPE		
种植 PLANT		
建筑 ARCHI.		
结构 STRUCI		
给排水 PLUMBING		
电气 ELEC.		
暖通 HVAC		

职责 RESPONSIBILITY	姓名 NAME	签字 SIGN
审定 EXAMINED		
审核 CHECKED		
项目负责 PROJ. CAPTAIN		
专业负责 SPECLAL FIELD		
校对 1st CHECKED		
设计 DESIGN		
绘图 DRAWING		
方案负责 SCHEMAIC DESIGN		

建设单位 CLIENT			
工程名称 PROJECT			
工程编号 PROJ. No.			
图名 TITLE			
版次 EDITION		比例 SCALE	
设计阶段 DESIGNSTAGE		日期 DATE	
专业 SPECIALTY		图号 DWG. No.	

图 2-112 结构专业图纸目录——结施 (00)

结构设计总说明（一）

一、概述
1. 全部尺寸除注明外，均以毫米为单位，标高以米为单位。
2. 本工程±0.000为内地面标高，相当于绝对标高值见建筑平面图。
3. 设计依据：
（1）施工图设计阶段建筑、设备专业提供的有关图纸及资料。
（2）地质勘查报告。
（3）国家现行设计规范：
建筑结构荷载规范（GB 50009—2001）
建筑地基基础设计规范（GB 50007—2002）
建筑抗震设计规范（GB 50011—2001）
混凝土结构设计规范（GB 50010—2002）
砌体结构设计规范（GB 50003—2001）
4. 本工程结构安全等级为二级，设计使用年限为50年，抗震设防烈度为7度，框架抗震等级为三级，有关抗震的结构构造措施按抗震规范取用。环境类别二a，场地类别二级。
5. 未经技术鉴定或设计许可，不得改变结构的用途和使用环境。
6. 本工程梁、柱配筋构造采用国标《混凝土结构施工图平面整体表示方法制图规则和构造详图》（03G101-1）。
7. 基本风压 $W_0=0.75\text{kN/m}^2$。
8. 活载标准值取值为：
楼面 2.0kN/m²，屋面活载 0.7kN/m²，楼梯 2.0kN/m²。
9. 平面图中梁、柱位置无特殊注明外，均为居轴线中。
10. 施工中应严格遵守国家现行施工验收规范及规程。

二、地基基础部分
1. 本工程是以深圳市勘察研究院提供的《深圳市鸿荣源实业有限公司鸿景园岩土工程勘察报告》（2004年1月）为依据断设计。基础采用柱下独立基础或墙下条形基础，基础持力层为第四系坡洪积层（Q^{al+pl}）粉质黏土，其承载力特征值 $fa_k=160\text{kPa}$。
2. 基槽开挖后应通知勘察、设计单位进行验槽，如地基条件与原勘察报告不符，应断施工勘察。

三、材料
1. 钢筋：
（1）Φ 为 HPB300。
（2）Ⅎ 为 HRB335。
（3）Ⅎ 为 HRB400。
2. 钢板：Q235。

3. 混凝土强度等级（除特别注明外，均按下面取值）
（1）基础：C25，垫层 C10。
（2）柱、梁：C30。
（3）墙、板：C30。
4. 砌体：条石或毛石强度等级 MU30，M10 水泥砂浆

四、钢筋混凝土结构
1. 钢筋接头
（1）钢筋接头宜优先采用焊接或机械连接接头。
（2）下列情况必须采用焊接接头：
1）直径 $d \geqslant 28$ 的钢筋。
2）梁支座负筋在支座边缘 $L_0/3$ 范围内（L_0 为梁净跨）。
3）梁底钢筋接头。
(3) 梁柱受力钢筋接头位置应相互错开，当采用非焊接的搭接接头时，在其1.3倍搭接长度范围内，受力钢筋接头面积占受力钢筋总面积的百分比：受拉区25%，受压区50%。当采用焊接接头时，在其35d范围内，受力钢筋接头面积占受力钢筋面积的百分比受拉区50%，受压区不限制。

2. 钢筋锚固长度
（1）Φ（HPB300）为 $30d$。
（2）Ⅎ（HRB335）为 $35d$。
（3）Ⅎ（HRB400）为 $35d$。

3. 受力钢筋保护层厚度
（1）基础：40mm。
（2）梁、柱：30mm。
（3）板、墙：20mm。

4. 板
（1）板筋未注明者均为 Φ8@200。
（2）除注明者外，板的上下层分布筋为 Φ6@200。
（3）板的钢筋伸入支座的长度见下图（a）。
（4）板上预留洞口
1）洞口尺寸≤300时，钢筋不切断，绕过洞口。
2）300＜洞口尺寸≤800时如下图（b）。
（5）板中预埋管应设在上、下排钢筋之间，若预埋管上无钢筋时，则须沿管长方向加设 Φ6@200 钢筋网，如图（c）。
（6）双向板的底筋，短向筋放在底层，长向筋放在短向筋之上。现浇板的面筋，短向筋放在上层。

图 2-113 结构设计总说明（一）——结施（01）

结构设计总说明（二）

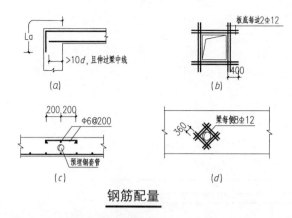

钢筋配量

(7) 跨度大于4m的板，要求板跨中起拱 $L/400$。

(8) 上下管道及设备孔洞均需按预留孔洞平面及有关专业图示位置及大小预留，不得后凿。

(9) 凡屋面为反梁结构，需按排筋向、位置及大小预留过水洞，不得后凿。

(10) 悬挑板必须待混凝土强度达到100%设计强度后，方可拆模。

(11) 板筋连续配置时，底筋在支座处搭接，面筋在跨中 $L_0/3$ 范围内搭接。

(12) 板面标高相差不超过30mm时，其间面筋连通设置，但施工时需做成 ⌐ 形状。

5. 梁、柱

(1) 柱施工时应采取措施保证梁、柱节点核心区的混凝土强度等级与下柱相同。

(2) 钢筋混凝土墙、柱与砌体的连接应沿钢筋混凝土墙、柱高度每隔500mm（砖墙）或600mm（砌块墙）预埋 2Φ6 钢筋锚入混凝土墙，柱内300mm，外伸1000mm，若墙垛长不足上述长度时，则伸入墙内长度等于墙垛长，且末端弯直钩。

(3) 柱纵筋设有拉筋时，拉筋应同时拉住纵筋和箍筋。

(4) 梁中预留洞为≥Φ100时，洞边加强筋见图(a)，且需加钢套管，未经设计人员同意，不得自行在梁内留洞或凿洞。

五、砌体

1. 砌至楼板、梁底的砌体，必须用斜砌块楔紧或采用其他楔紧措施。

2. 砌体的端部（无混凝土墙、柱时）及转角、丁字接头处，必须加构造柱，当墙长大于5m时每隔3m设一根构造柱，此构造柱的柱顶、柱脚应在主体结构中预埋 4Φ14 短竖筋，钢筋接驳长度350mm，先砌墙，后浇柱，柱的混凝土强度等级为C25 竖筋用 4Φ14，箍筋用Φ6@200墙与柱的拉筋应在砌墙时预埋。

3. 高度大于4m的180mm墙或大于3m的120mm墙，需在墙半高处设一道钢筋混凝土水平系梁，梁宽同墙厚，梁高250mm，上下截面各配 2Φ12 钢筋，箍筋Φ6@200，此钢筋锚入与之垂直的墙体或两端的混凝土柱内。

4. 墙上的门洞、窗洞或设备留孔，其洞顶均需设过梁，除图上另有说明外，统一按如下处理（梁长为洞口宽度+500mm）。

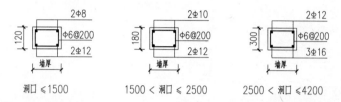

5. 当洞顶离结构梁（或板）底小于上述的过梁高时过梁与结构梁（或板）浇成整体，如图(e)。

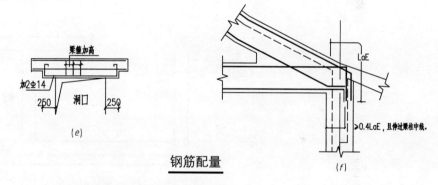

钢筋配量

六、施工要求及注意事项

1. 雨期施工时，须采取有效措施，确保施工质量。

2. 各层楼板图中，洞口尺寸≤300mm的洞口均未标注，由各设备工种在土建施工时，配合预埋套管或预留洞，不得后凿。

3. 未尽事宜须遵守国家及当地有关施工验收规范、规程和规定。

七、其他

1. 凡下面有吊顶的混凝土板，均需预留吊筋，做法详见有关建筑图。

2. 次梁处附加箍筋未表示者均为两侧各附加三道箍筋，等高梁相交处各边附加三道箍筋，附加箍筋规格同梁箍筋。

3. 屋架梁钢筋锚固见图(f)。

图2-114 结构设计总说明（二）——结施（02）

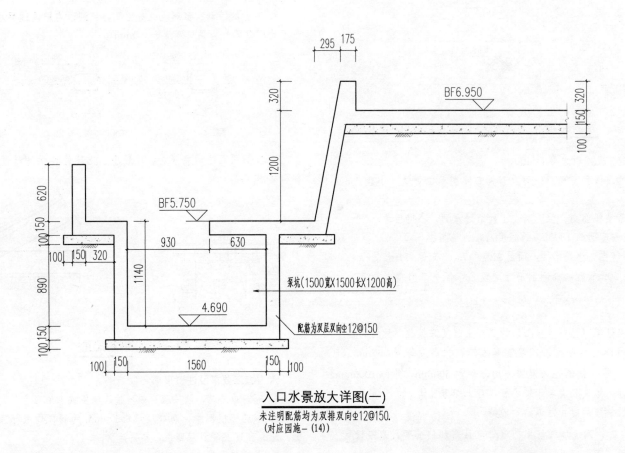

入口水景放大详图(一)
未注明配筋均为双排双向Φ12@150.
(对应园施-(14))

图 2-115 入口水景放大详图（一）——结施（03）

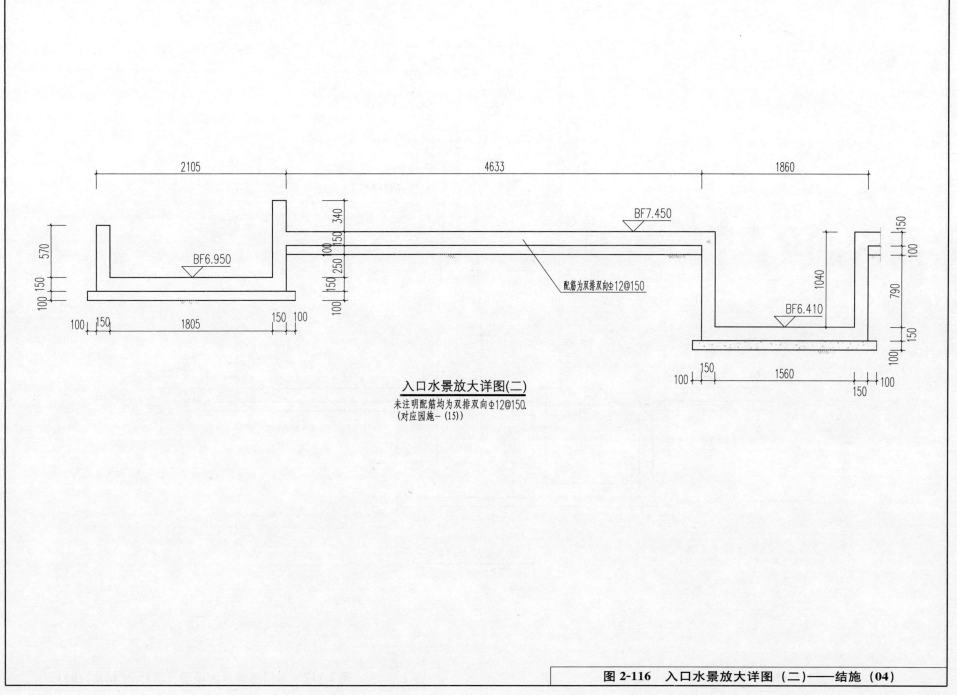

图 2-116 入口水景放大详图（二）——结施（04）

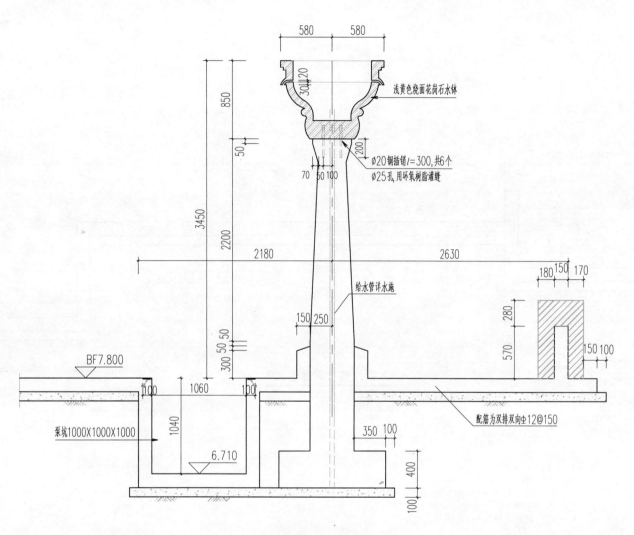

图 2-117 入口水景放大详图（三）——结施（05）

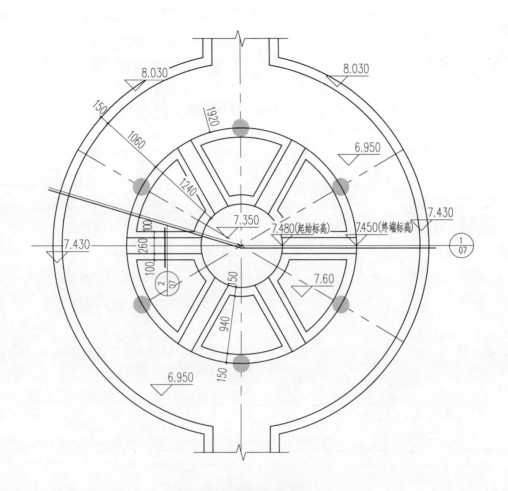

主入口景观亭平面图
未注明配筋均为双排双向Φ12@150。
(对应园施-(17))

图 2-118 主入口景观亭平面图——结施（06）

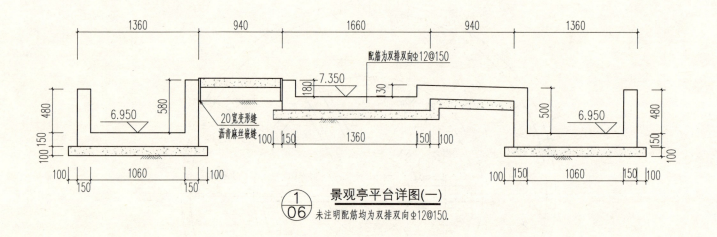

① 景观亭平台详图(一)
06 未注明配筋均为双排双向Φ12@150.

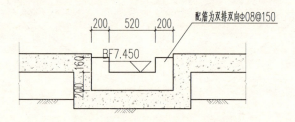

② 景观亭平台详图(二)
06 未注明配筋均为双排双向Φ12@150.

图 2-119 景观亭平台详图（一）、（二）——结施（07）

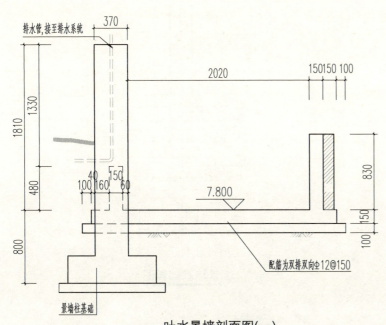
吐水景墙剖面图(一)
未注明配筋均为双排双向Φ12@150。
(对应园施-(25))

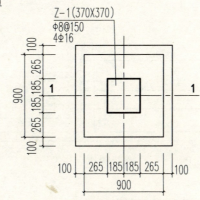
景墙柱基础详图

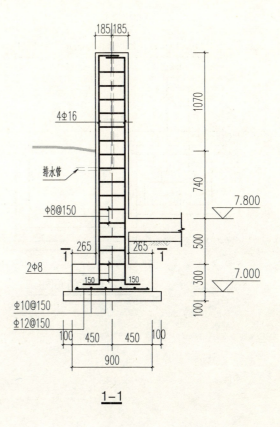
1-1

图 2-120 吐水景墙详图（一）——结施（08）

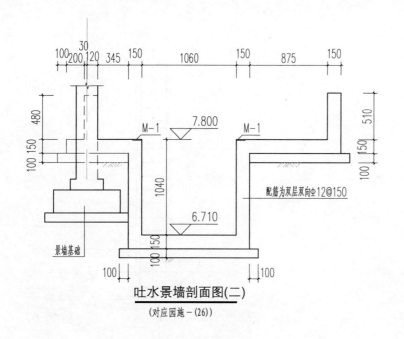

吐水景墙剖面图(二)
(对应园施-(26))

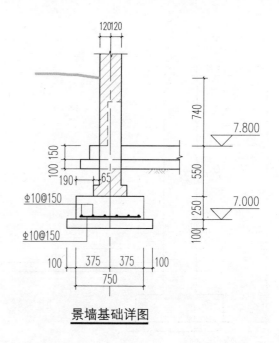

景墙基础详图

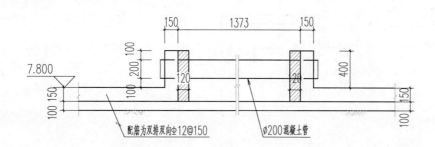

水溪景桥二详图
未注明配筋均为双排双向Φ12@150
(对应园施-(20))

图 2-121 吐水景墙剖面图（二）及水溪景桥二详图——结施（09）

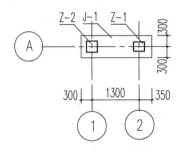

流水景墙基础平面图

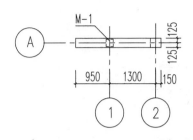

流水景墙柱平面图

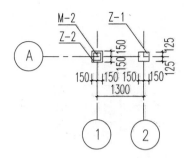

流水景墙柱平面图

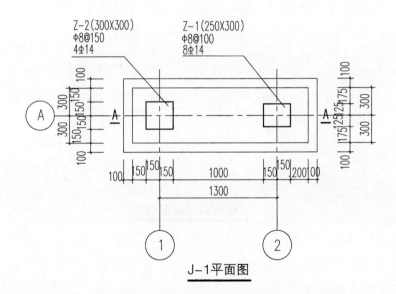

J-1平面图

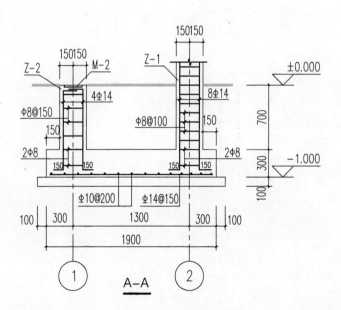

A-A

图 2-122 流水景墙详图（一）——结施（10）

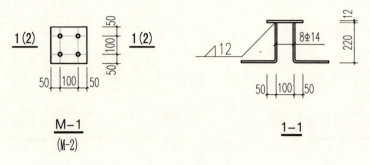
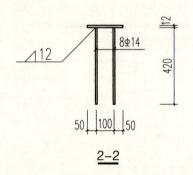
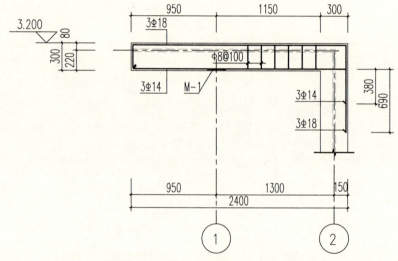

流水景墙梁配筋图

图 2-123 流水景墙详图（二）——结施（11）

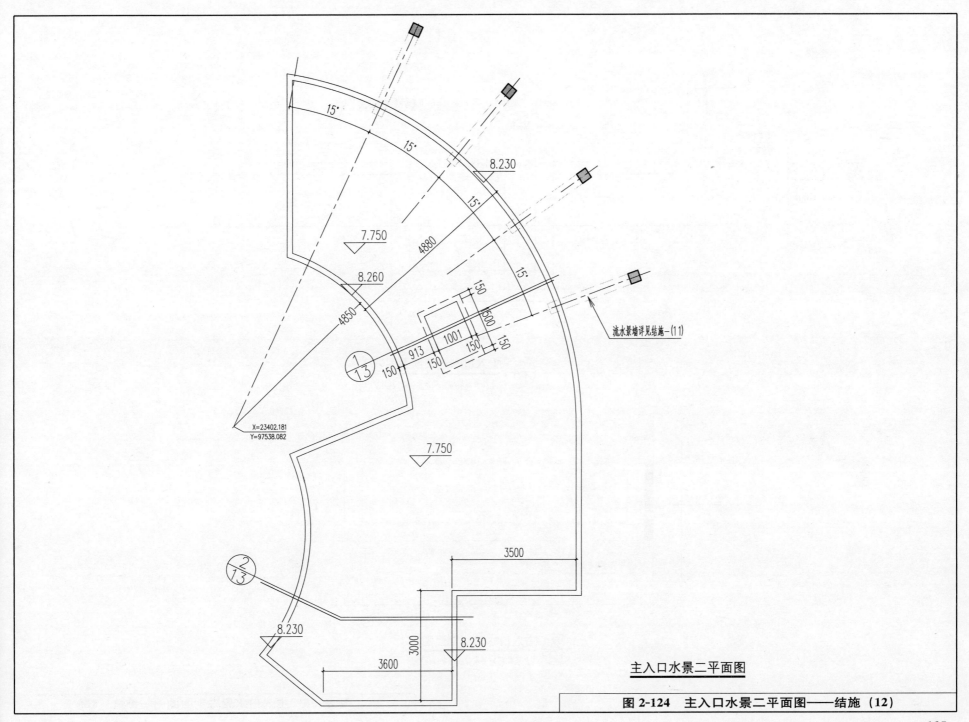

主入口水景二平面图

图 2-124 主入口水景二平面图——结施（12）

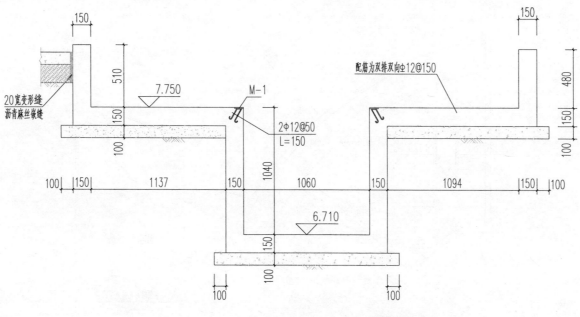

$\dfrac{1}{12}$ 主入口水景二剖面图(一)

未注明配筋均为双排双向Φ12@150。

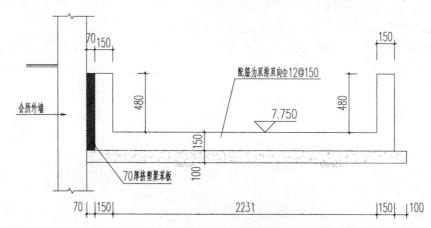

$\dfrac{2}{12}$ 主入口水景二剖面图(二)

未注明配筋均为双排双向Φ12@150。

图 2-125 主入口水景二剖面图——结施（13）

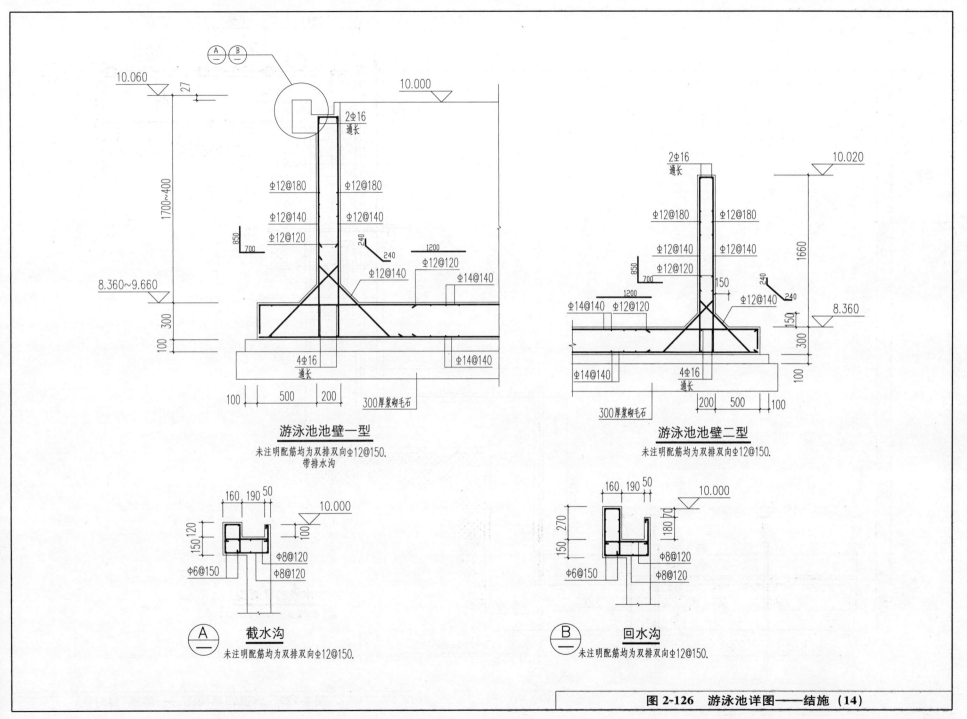

图 2-126 游泳池详图——结施（14）

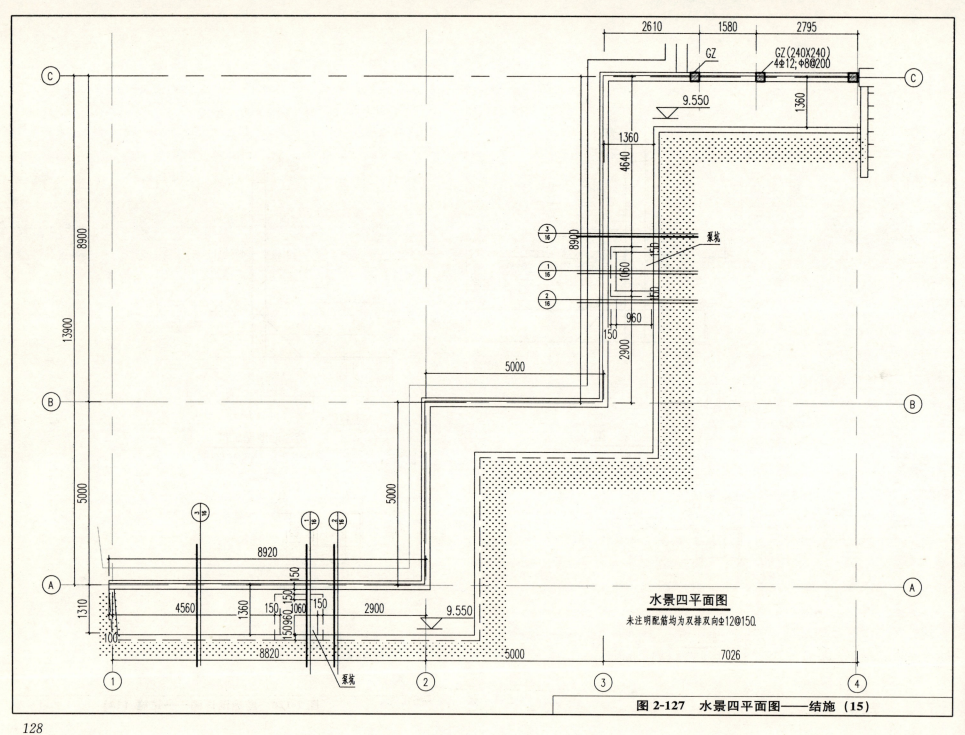

图 2-127 水景四平面图——结施（15）

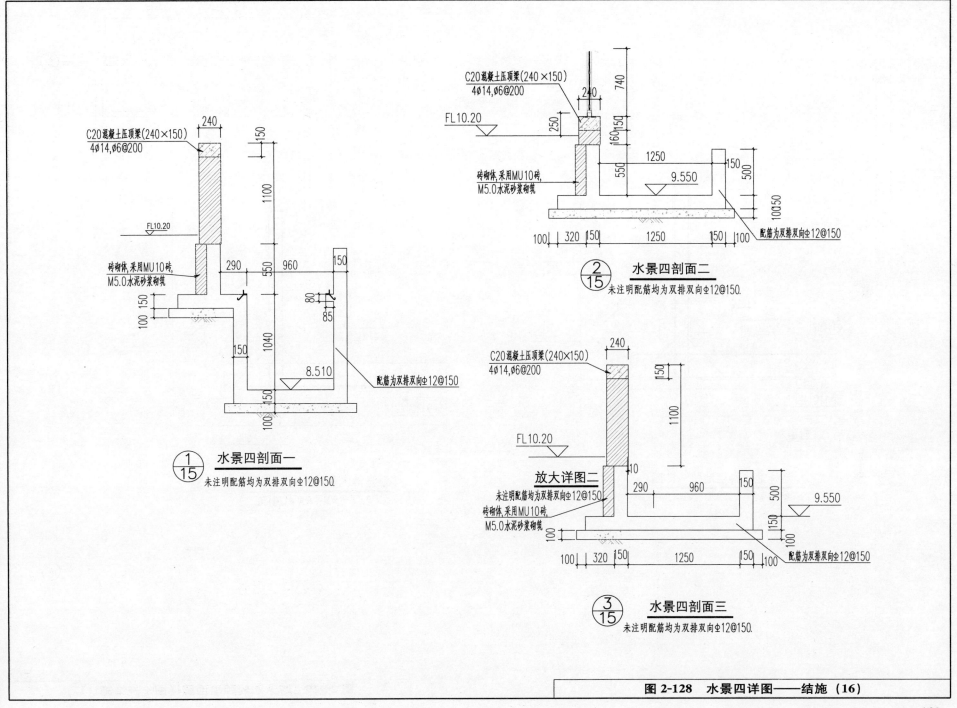

图 2-128 水景四详图——结施（16）

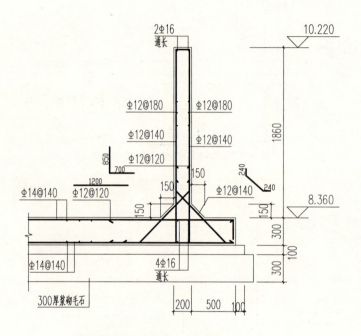

游泳池内种植池壁一详图
未注明配筋均为双排双向Φ12@150.
[对应园施(50)]

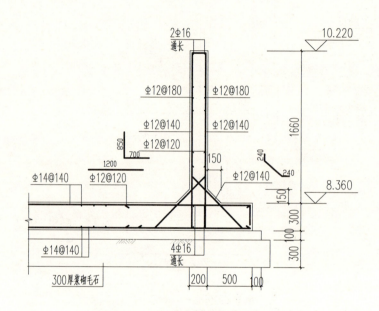

游泳池内种植池壁二详图
未注明配筋均为双排双向Φ12@150.
[对应园施(50)]

图 2-129 游泳池内种植池壁详图——结施（17）

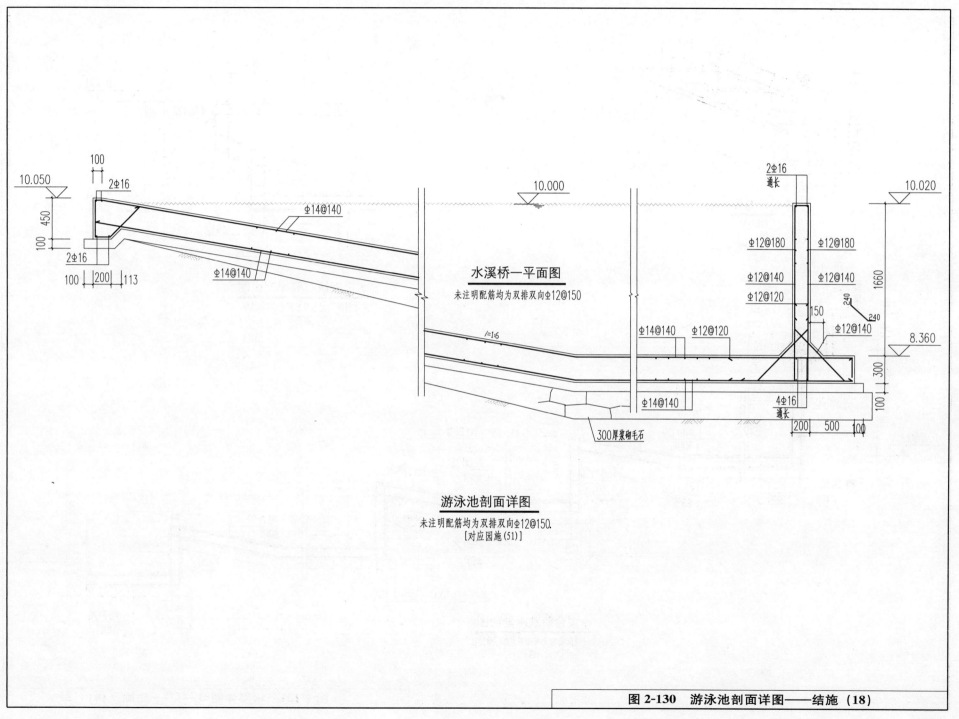

图 2-130 游泳池剖面详图——结施（18）

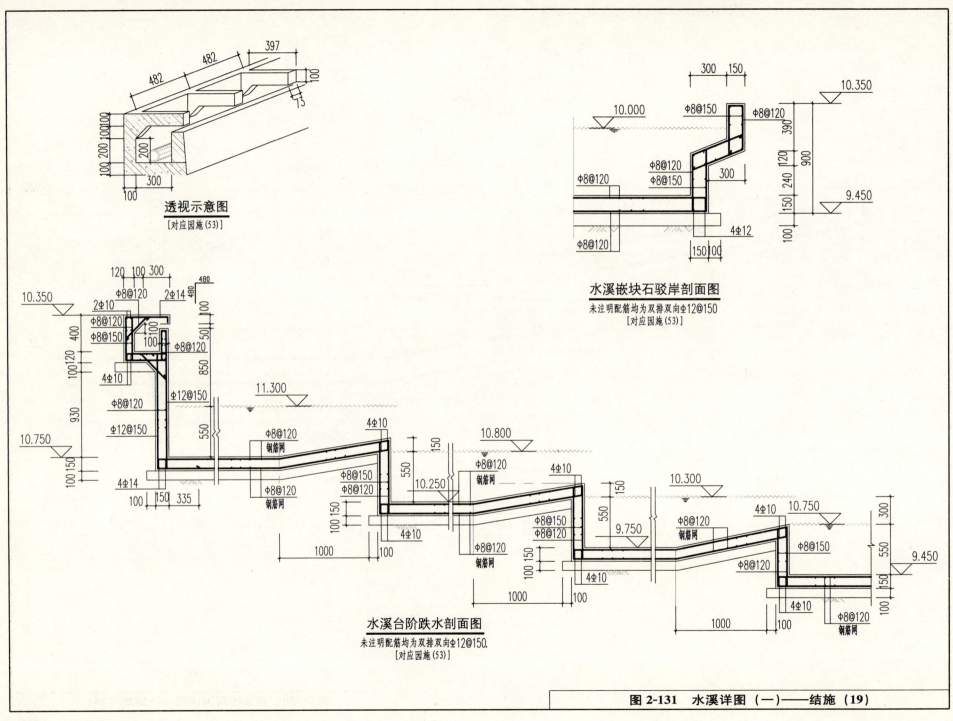

图 2-131 水溪详图（一）——结施（19）

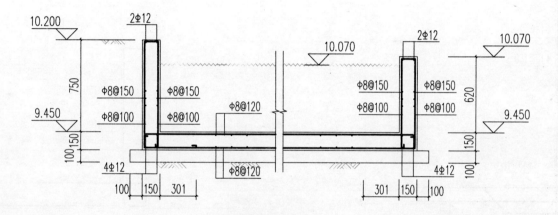

水溪驳岸剖面图
未注明配筋均为双排双向⌀12@150。
[对应园施(51)]

图 2-132 水溪详图（二）——结施（20）

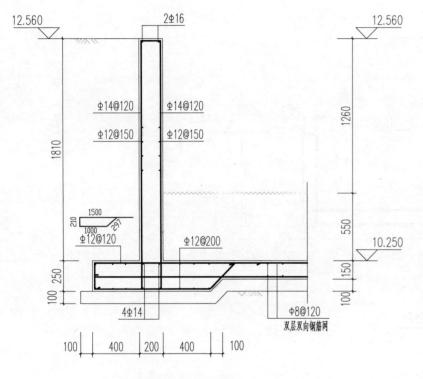

水溪台阶花池处剖面图
未注明配筋均为双排双向Φ12@150。
[对应园施(53)]

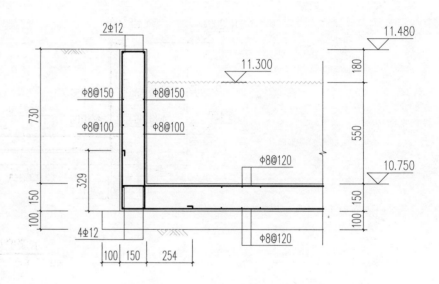

水溪台阶跌水处驳岸剖面图
未注明配筋均为双排双向Φ12@150。
[对应园施(53)]

图 2-133　水溪详图（三）——结施（21）

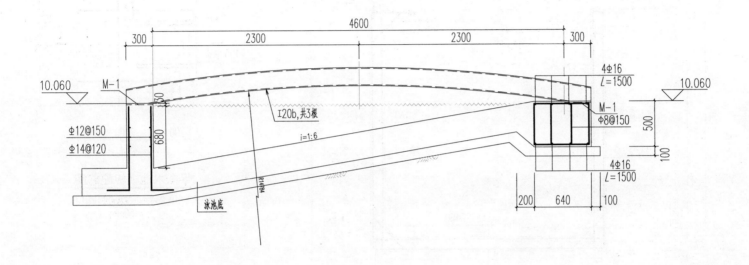

游泳池景桥详图
未注明配筋均为双排双向Φ12@150.
[对应园施(56)]

图 2-134 游泳池景桥详图——结施（22）

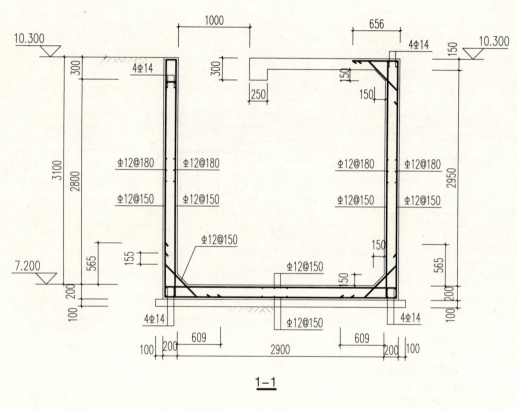
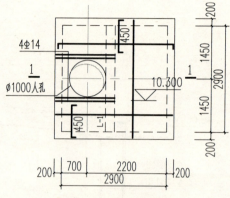

平衡水池顶板配筋图

未注明配筋均为双排双向⌀12@120。
h=150mm

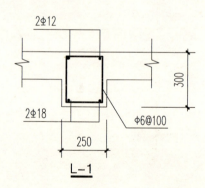

图 2-135 平衡水池详图——结施（23）

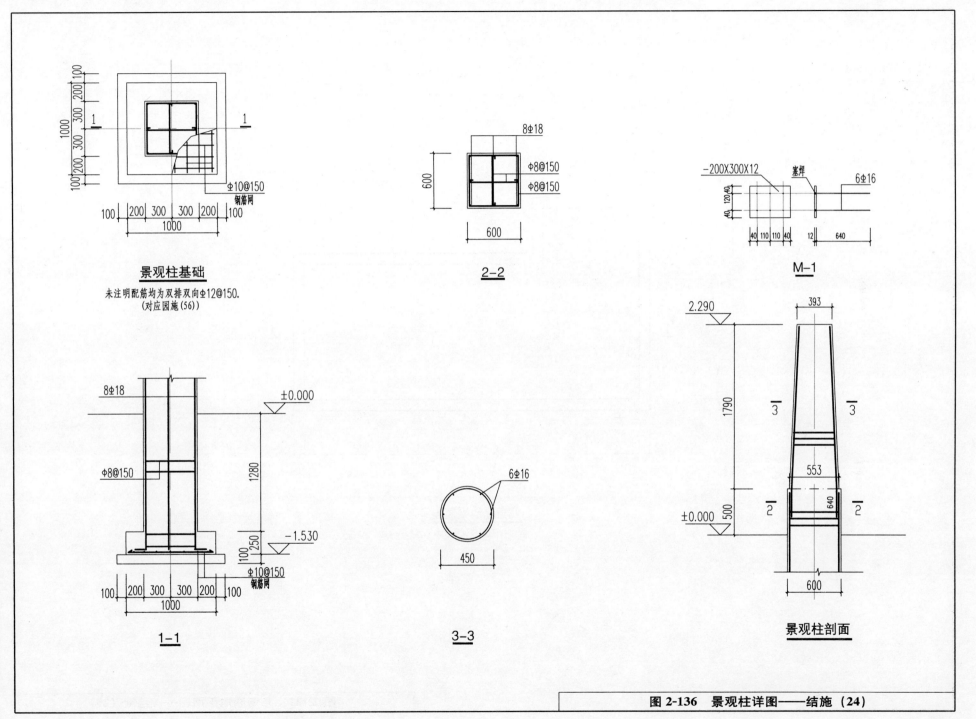

图 2-136 景观柱详图——结施（24）

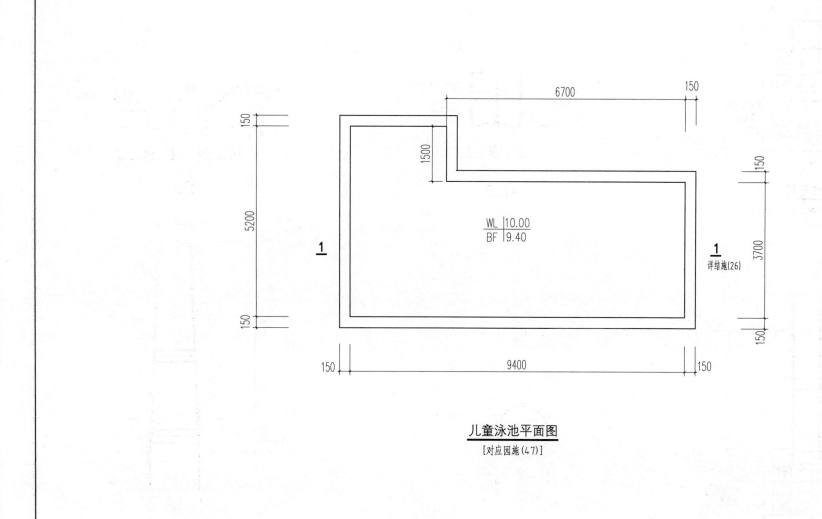

图 2-137 儿童泳池平面图——结施（25）

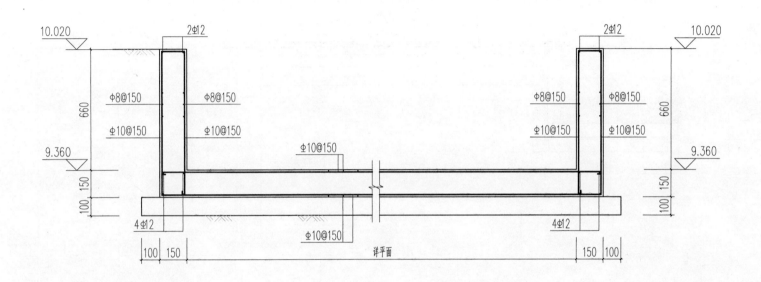

图 2-138 儿童泳池详图——结施（26）

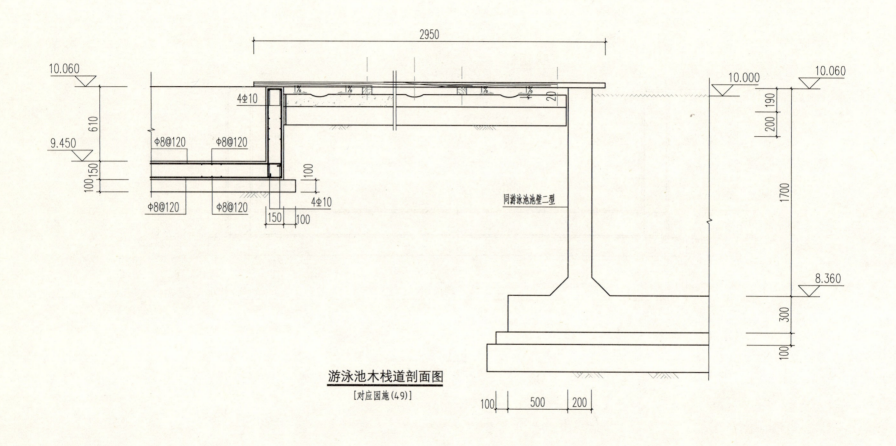

图 2-139 游泳池木栈道剖面图——结施（27）

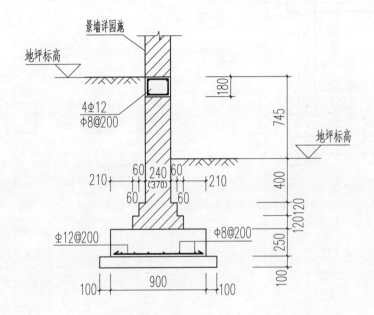

砖砌景墙基础详图
定位详园施

图2-140 砖砌景墙基础详图——结施（28）

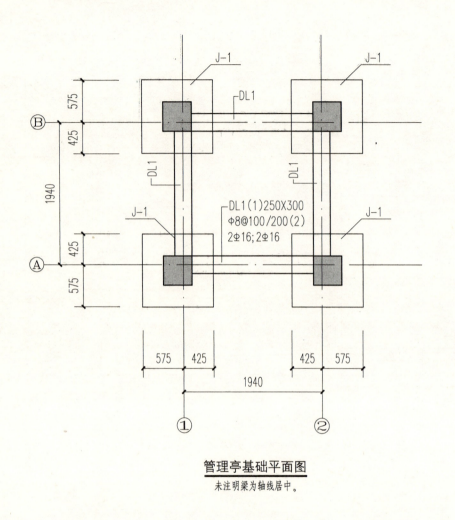

图 2-141 管理亭详图（一）——结施（29）

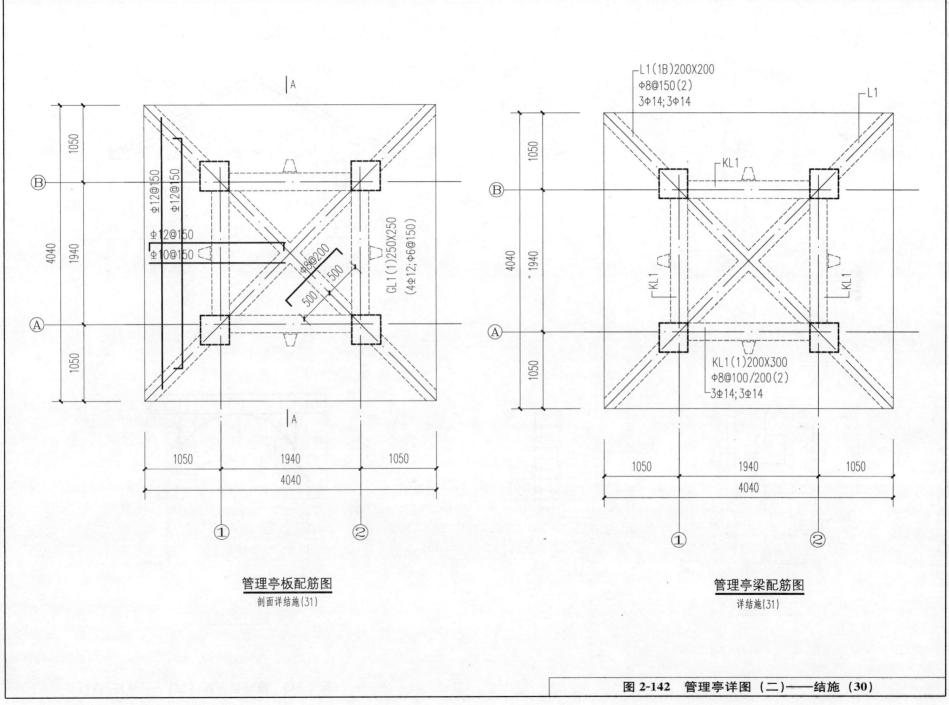

图 2-142 管理亭详图（二）——结施（30）

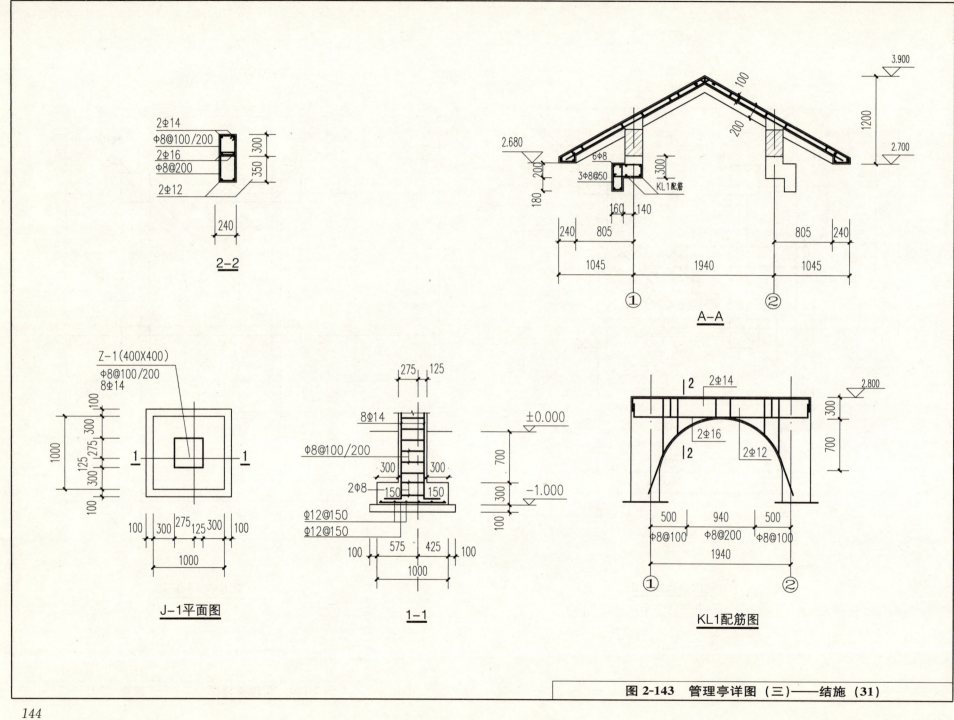

图 2-143 管理亭详图（三）——结施（31）

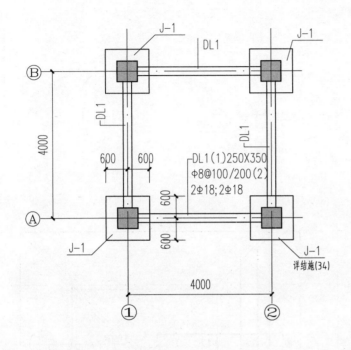

景观亭基础平面图

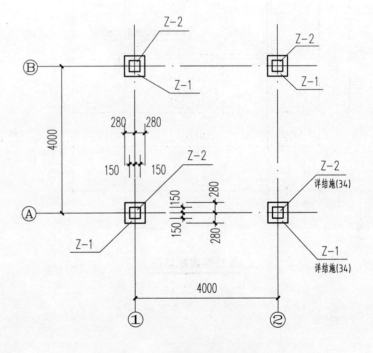

景观亭柱平面图

图2-144 景观亭详图（一）——结施（32）

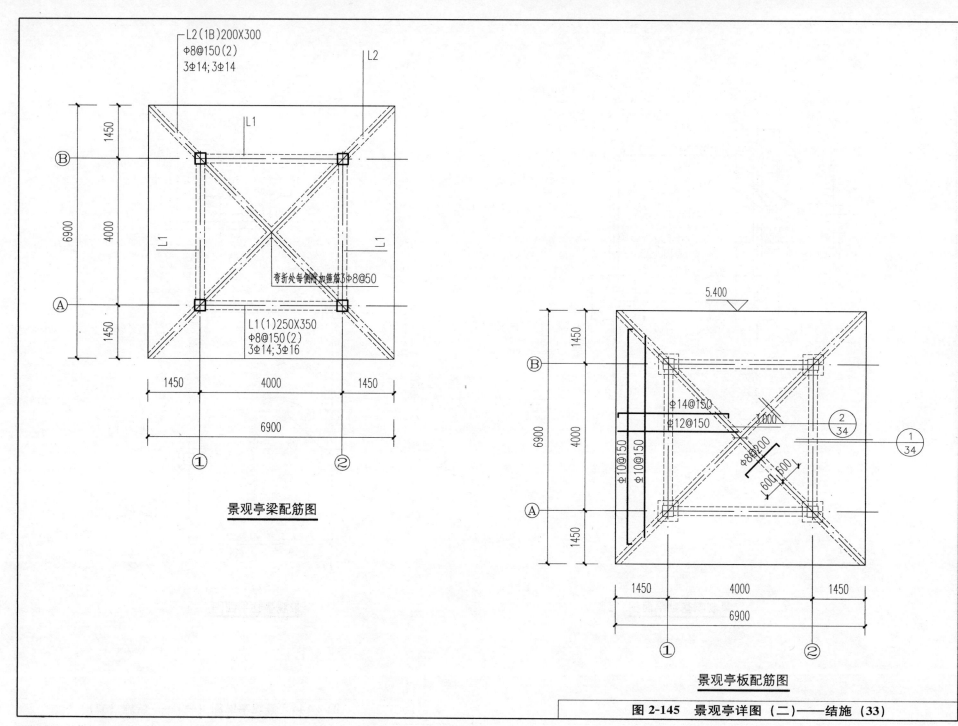

图 2-145 景观亭详图（二）——结施（33）

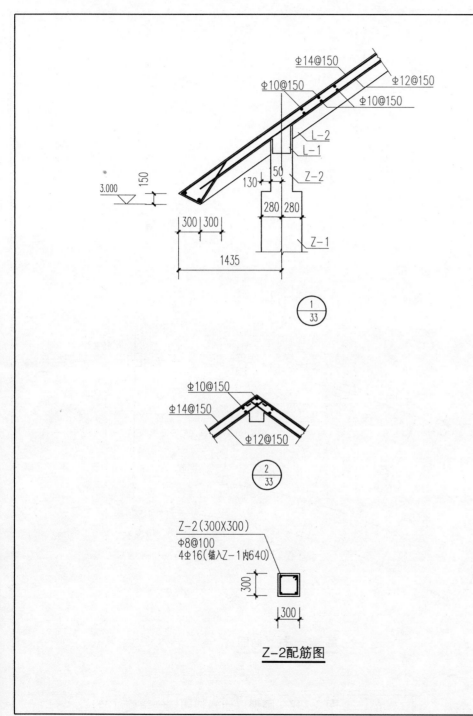
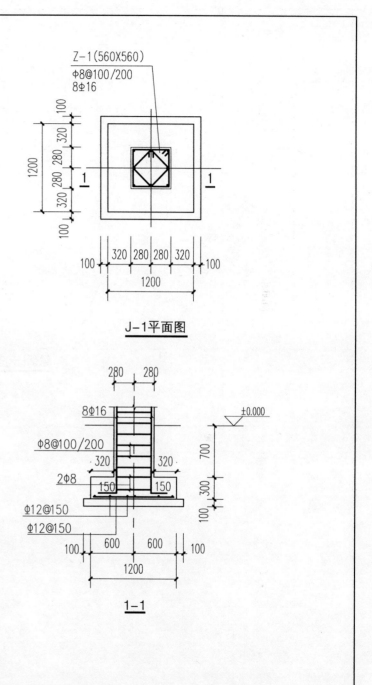

图 2-146 景观亭详图（三）——结施（34）

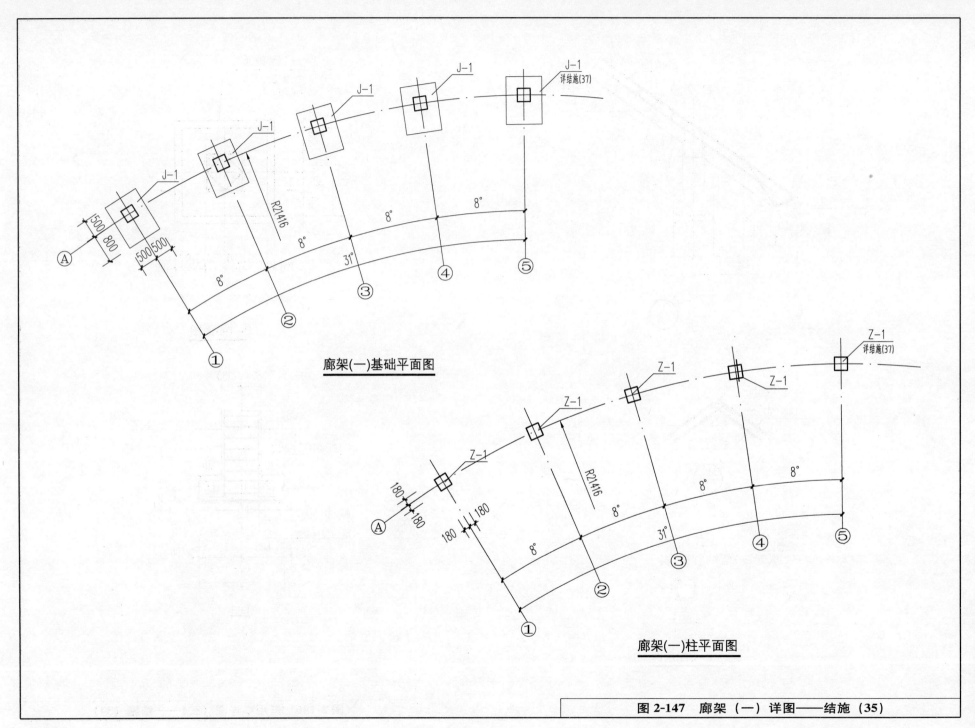

图 2-147 廊架（一）详图——结施（35）

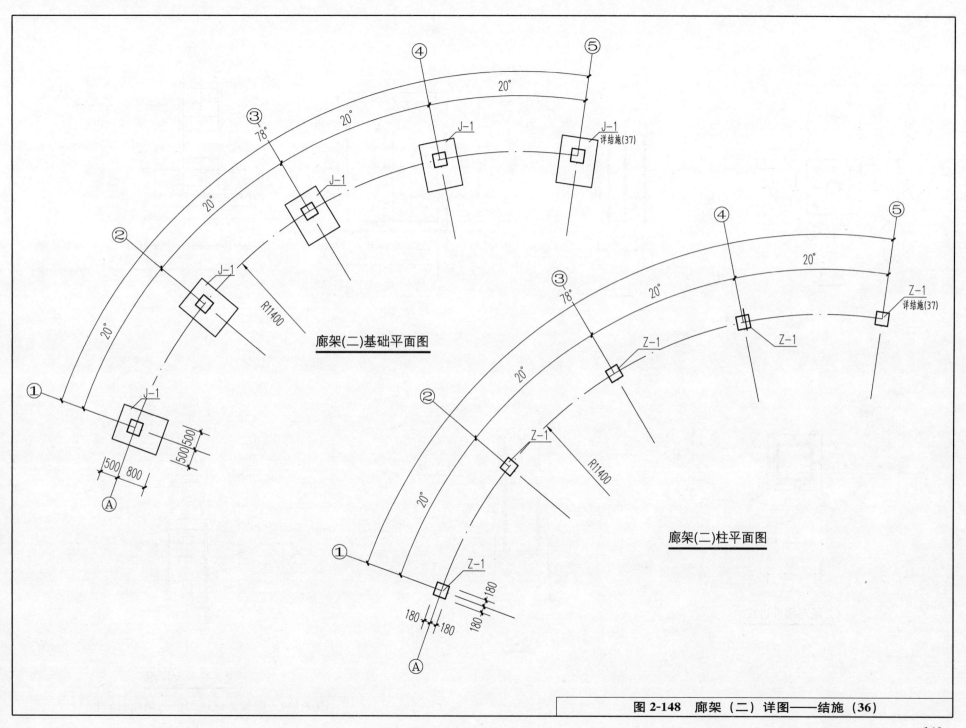

图 2-148 廊架（二）详图——结施（36）

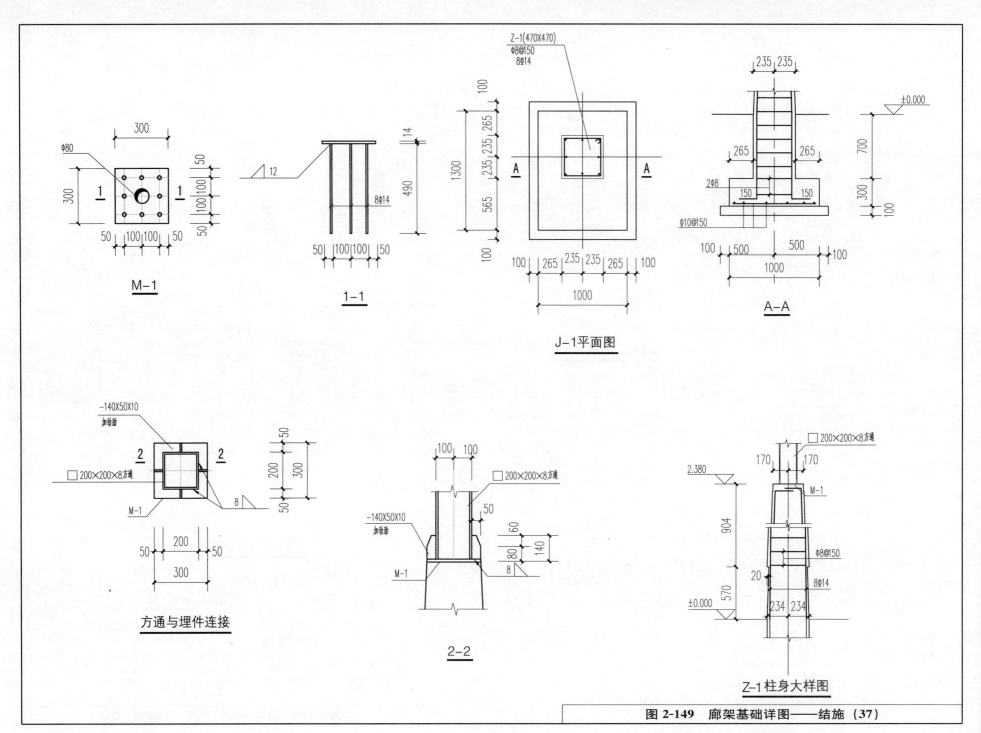

图 2-149 廊架基础详图——结施（37）

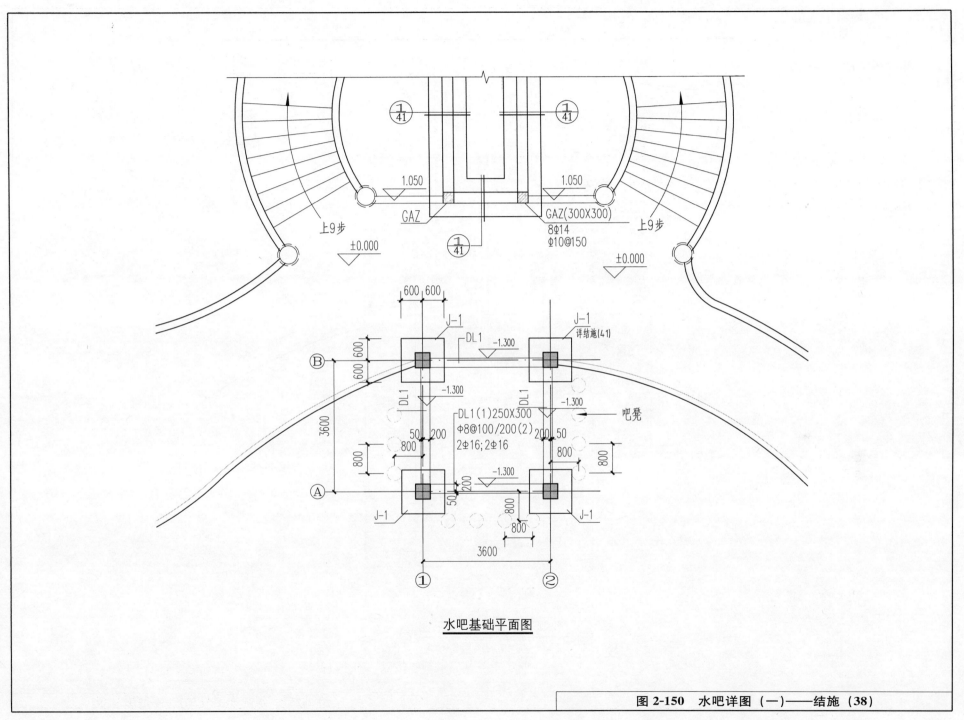

图 2-150 水吧详图（一）——结施（38）

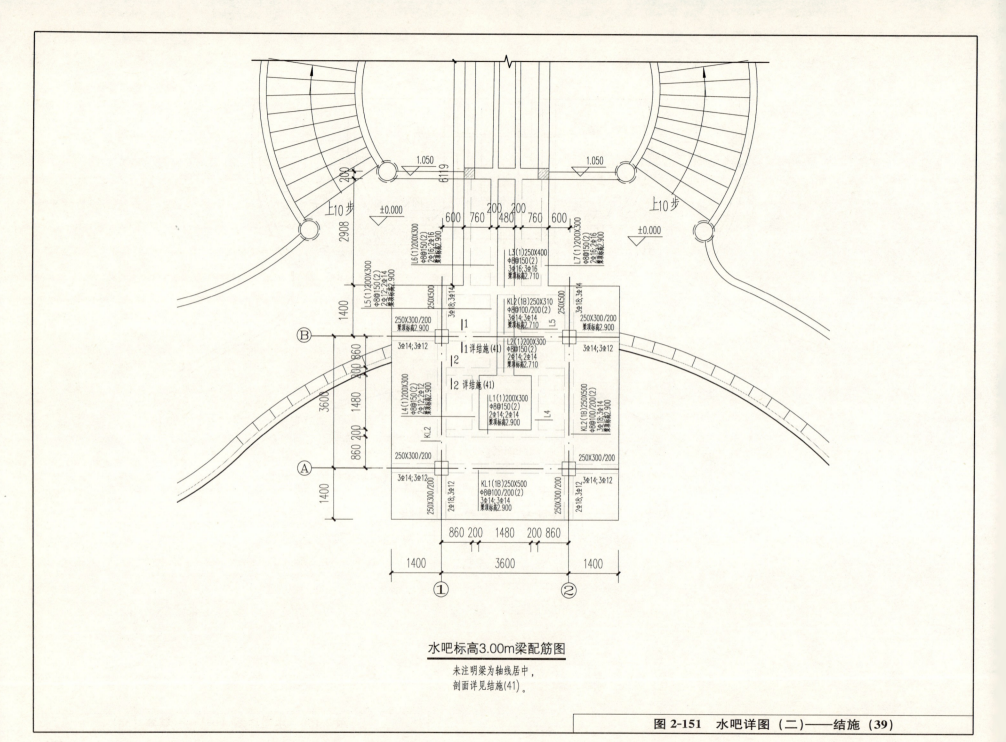

图 2-151 水吧详图（二）——结施（39）

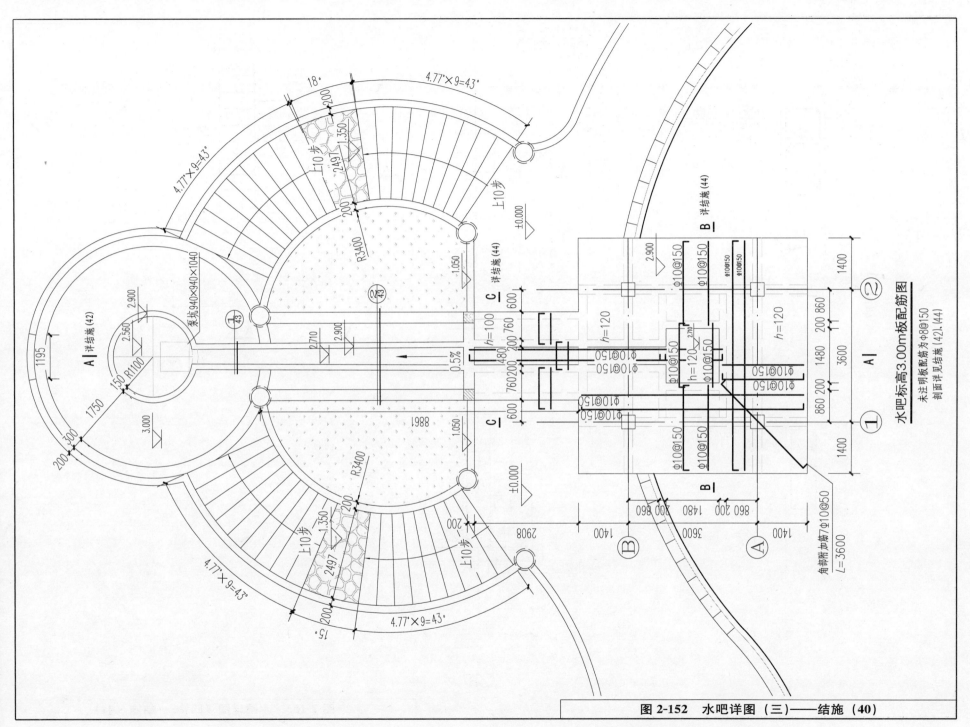

图 2-152 水吧详图（三）——结施（40）

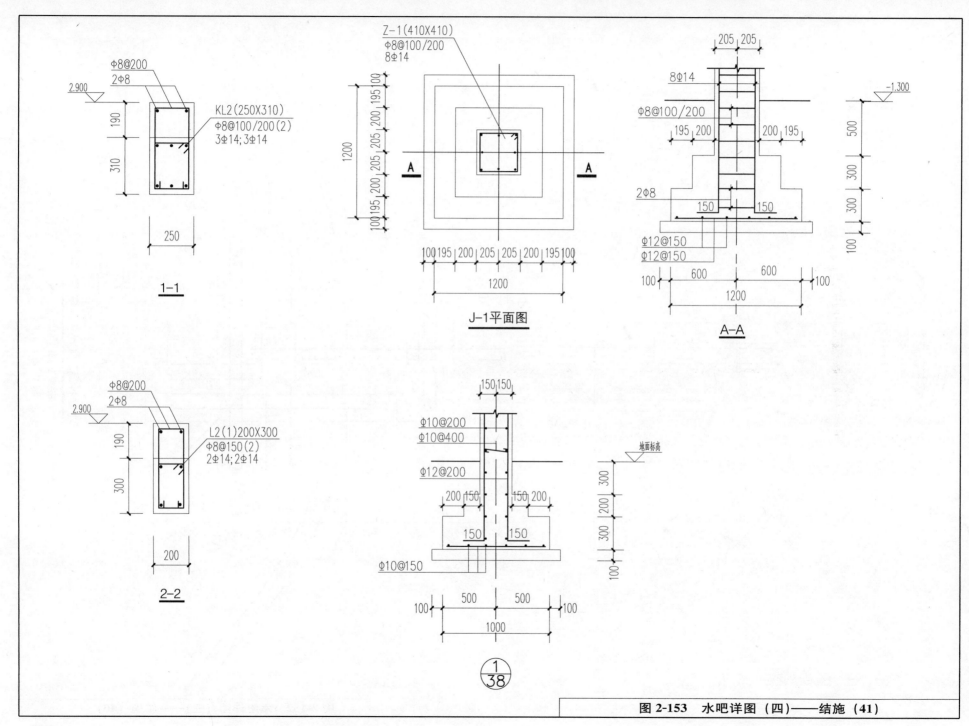

图 2-153 水吧详图（四）——结施（41）

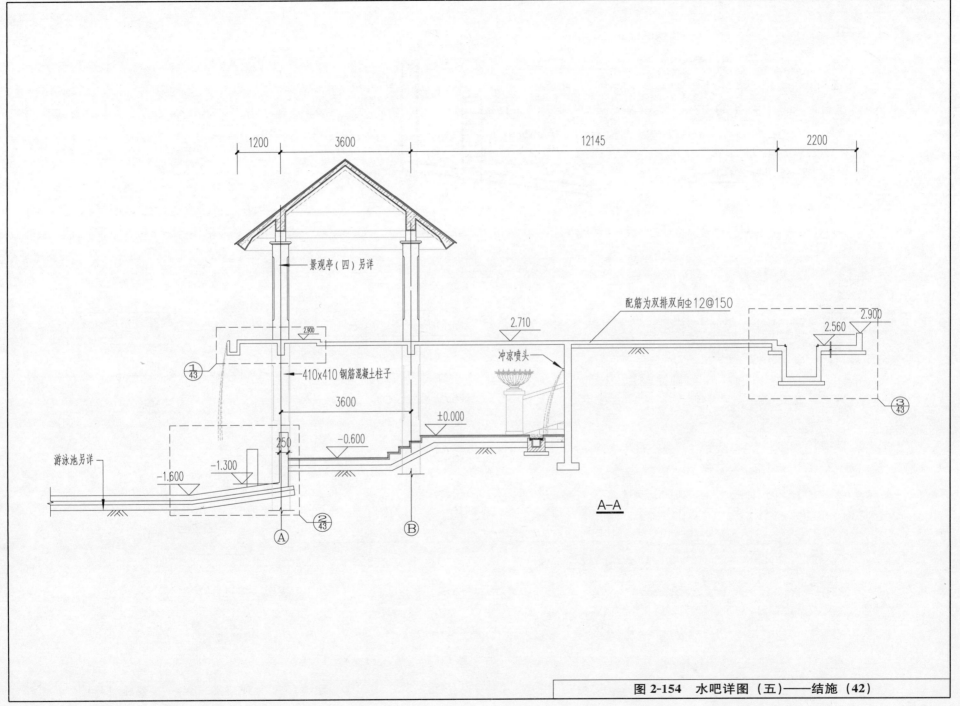

图 2-154 水吧详图（五）——结施（42）

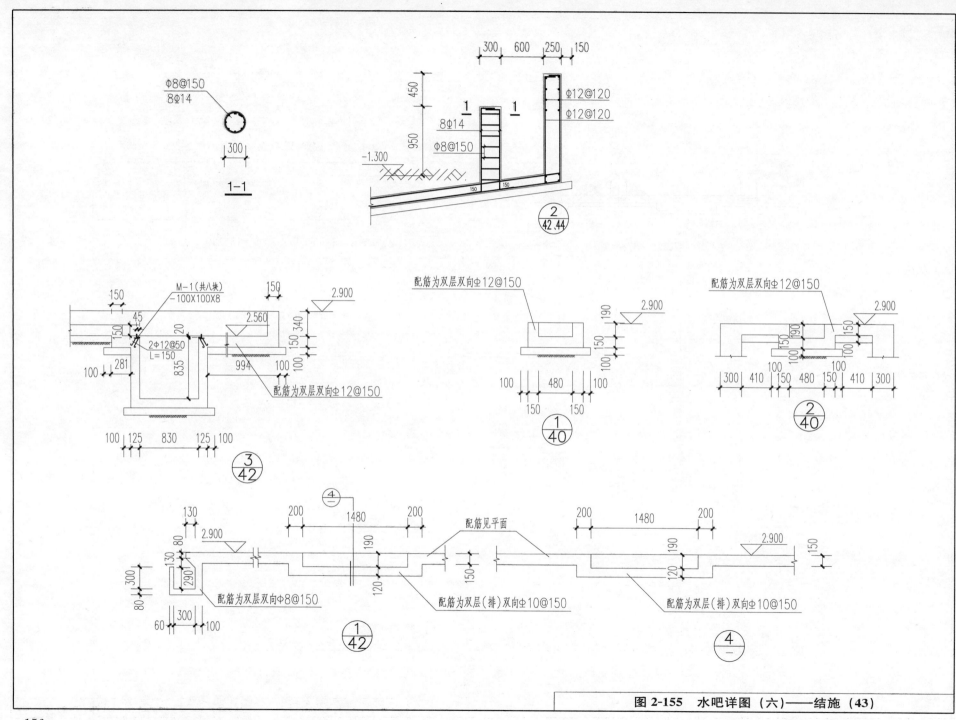

图 2-155 水吧详图（六）——结施（43）

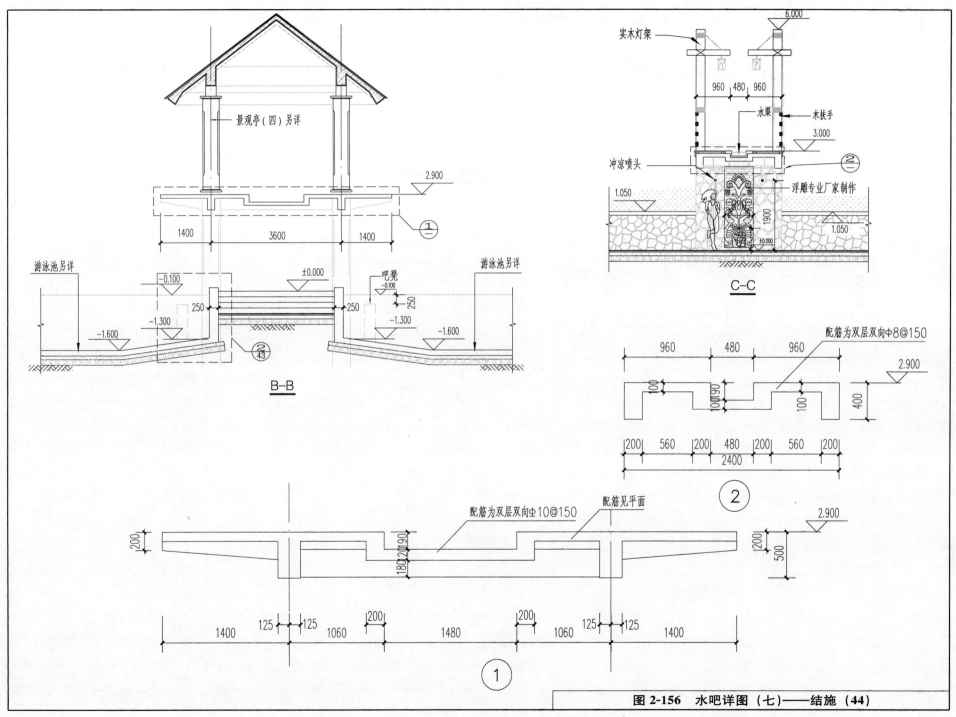

图 2-156 水吧详图（七）——结施（44）

2.5 给水排水专业

住宅小区给水排水专业图纸目录

序号 SERIAL No.	图 纸 名 称 TITLE OF DRAWINGS	图号 DRAWN No.	附注 NOTE
1	给水排水专业图纸目录	水施(00)	
2	给水排水设计说明	水施(01)	
3	主入口水景一给排水平面图	水施(02)	
4	主入口水景一A-A、B-B剖面图	水施(03)	
5	主入口水景一C-C剖面图	水施(04)	
6	主入口水景一D-D剖面图	水施(05)	
7	主入口水景二给水排水平面图及剖面图	水施(06)	
8	亲子乐园吐水景墙给水排水平面图及剖面图	水施(07)	
9	体闲场地给水排水平面图及剖面图	水施(08)	
10	游泳池给水排水平面图	水施(09)	
11	游泳池详图	水施(10)	

工程设计出图专用章

防火设计自审小组审核专用章

注册章

会签 COORDINATION		
专业 SPECLALITY	姓名 NAME	签字 SIGN
总图 MASTER PLAN		
园林 LANDSCAPE		
种植 PLANT		
建筑 ARCHI.		
结构 STRUCI		
给排水 PLUMBING		
电气 ELEC.		
暖通 HVAC		

职责 RESPONSIBILITY	姓名 NAME	签字 SIGN
审定 EXAMINED		
审核 CHECKED		
项目负责 PROJ. CAPTAIN		
专业负责 SPECLAL FIELD		
校对 1st CHECKED		
设计 DESIGN		
绘图 DRAWING		
方案负责 SCHEMAIC DESIGN		

建设单位 CLIENT		
工程名称 PROJECT		
工程编号 PROJ. No.		
图名 TITLE		
版次 EDITION	比例 SCALE	
设计阶段 DESIGNSTAGE	日期 DATE	
专业 SPECIALTY	图号 DWG. No.	

图 2-157 给水排水专业图纸目录——水施（00）

室外场地给水排水设计说明

一、图中尺寸除标高、管长以米计以外，其他均以毫米计，给水管指管中心，排水管指管内底。

二、本工程环境给水排水设计范围为：室外场地排水设计，绿化浇灌用水设计，水景池、游泳池、更衣室给水排水设计，绿化浇灌用水、水景用水由生活给水管网供给，地表雨水经雨水口或道路边沟收集后排入小区雨水系统或顺地形排入大海，水景排水接入附近雨水井，污水接入小区污水井统一处理后排放。

三、绿化浇灌用水设计：

1. 绿地设快速取水器人工浇灌，取水器平地面安装。地面操作式阀门井见国标S143-17-4.5。

2. 绿化给水管采用 UPVC 批管（$C=1.5$），胶接连接。管道试压：$P_S=1.0$ MPa。

3. 给水管道管顶覆土0.6m，过车处管道管顶穿大土不小于1.0m，不满足要求穿大二号钢套管保护，给水管遇排水管或遇大管上弯敷设。

4. 浇灌系统中喷头与支管的连接采用铰接接头，接生活给水管的阀门后须加倒流防止器。

四、室外场地排水设计：

1. 环境排水就近接至已设计小区雨水排水系统，施工前须校核小区雨水井或雨水口，如能接入，方可施工。

2. 雨水口接至雨水井采用钢筋混凝土排水管，水泥砂浆抹带接口，连接一个雨水口的排水管管径为$d200$，排水坡度不小于0.01，连接二个雨水口的排水管管径为$d300$，排水坡度不小于0.008。该连接管的起点覆土厚度不小于0.70m。其施工部分参照国标95S518-1。

3. 排水明沟接至雨水井采用排水铸铁管DN50，排水坡度不小于0.01，石棉水泥接口，设铁算子下排管底起点埋深不小于0.65m，室外排水铸铁管一般情况下采用素土基础，施工参见95S516-39，明沟排拟度不小于0.005。

五、管道敷设：

1. 给水管必须铺设在老土上，当管底为软弱土质时，应换用黏土夯实后铺管，夯实密实度不低于95%。

2. 管道上设阀门等附件时，须设混凝土、砖砌等刚性止推墩，做法详 CLCS 17：2000。

3. 室外钢筋混凝土管基础：当管顶覆土 $0.7m≤H≤3.5m$ 时，采用混凝土带状基础；施工参见95S516-5。

4. 当检查井接出管管径$D≤400mm$，井深小于$(D+1000)mm$时，选用$\phi700mm$井；当检查井接出管管径$200mm≤D≤600mm$，井深大于$(D+1000)mm$时，选用$\phi1000mm$井。

5. 检查井采用砖筑砌，有车过的检查井采用重型铸铁井盖，其他检查井均采用轻型井盖，检查井的施工参加02S515。

六、管材防腐：

1. 所有埋地钢管除锈后先刷冷底子油一道，再刷热沥青三道间绕玻璃丝布两道加强防腐；明装钢管刷红丹两道，银粉两道。

2. 埋地铸铁管内衬水泥砂浆防腐，安装时外壁先除锈，刷冷底子油一道，再刷热沥青两道。

七、其他未尽事宜按国家现行的有关施工验收规范进行施工。

水景池给水排水设计说明

一、图中尺寸除标高、管长以米计以外，其他均以毫米计，给水管指管中心，排水管指管内底。

二、本设计为水景池、游泳池给水排水设计。水景补水由小区生活给水管供给，接生活给水管的阀门后须加倒流防止器。

三、水景池给水排水设计：

1. 水景池内水位由阀门井内阀门手动控制，蓄水池水位由浮球阀自动控制。地面操作式阀门井见国标S143-17-4.5，运行调试时须有专业人员到场协助指导进行。

2. 水泵起、停为手动控制，吸水口设不锈钢过滤钢，出口均加柔性接口。

3. 水池溢流排水就近接入附近雨水系统，施工前须校核道路雨水井或雨水口。图中排水管排水坡度不得小于图上标注。

4. 给水管道上管径$DN<50mm$者采用球阀，$DN≥50mm$者采用闸阀或蝶阀。

5. 池底排水口见国标92S220-45。雨水斗见国标01S302-8，脚踏淋浴头见国标99S304-9。感应龙头见国标99S304-59。

6. 庭园水景池溢排水就近小区雨水井，施工前须现场校核雨水井或雨水口，如能接入，方可施工。

四、管材：

1. 水景供水管$DN<100$的采用热镀锌钢管，丝扣连接；$DN≥100$的采用球墨铸铁管，胶圈接头。给水管道试压压力$P_S=0.9$MPa。

2. 水景补水管采用 UPVC 给水管（$C=1.5$），胶接连接。管道试压：$P_S=1.0$MPa。

3. 水景溢水排水管选用 UPVC 给水塑料管，专用胶接，回水管选用钢骨架塑料复合管。

4. 穿水池壁或池底的管道施工前须预埋刚性防水套管，见国标S312-8-8-4型。

五、管道敷设：

1. 给水管道埋深应不小于0.7m，过车处管道埋深不小于1.0m，局部遇污水管，小管遇大管上弯敷设。

2. 排水管道管顶最小覆土在车行道下不宜小于0.8m。

3. 管道应敷设在原状土地基或已经开槽后处理回填密实的地层上。管道必须铺设在老土上，当管底为软弱土质时，应换用黏土夯实后铺管，夯实密实度不低于95%。

4. 管道上设阀门等附件时，须设混凝土、砖砌等刚性止推墩，做法详 CECS 17：2000。

5. 在软土、不稳定地层内开槽时，须设置沟槽支撑，根据现场情况采取相应的地基处理措施。

6. 室外塑料管道基础采用砂砾垫层基础，基底铺一层厚度为0.1m的粗砂基础，管壁两侧粗砂夯实，管顶填砂300mm厚，管道转弯处外侧设混凝土支墩。施工参见 CECS 122：2001。

六、管材防腐：所有埋地钢管除锈后先刷冷底子油一道，再刷热沥青三道间绕玻璃丝布两道加强防腐；明装钢管刷红丹两道，银粉两道。

图 2-158　给水排水设计说明——水施（01）

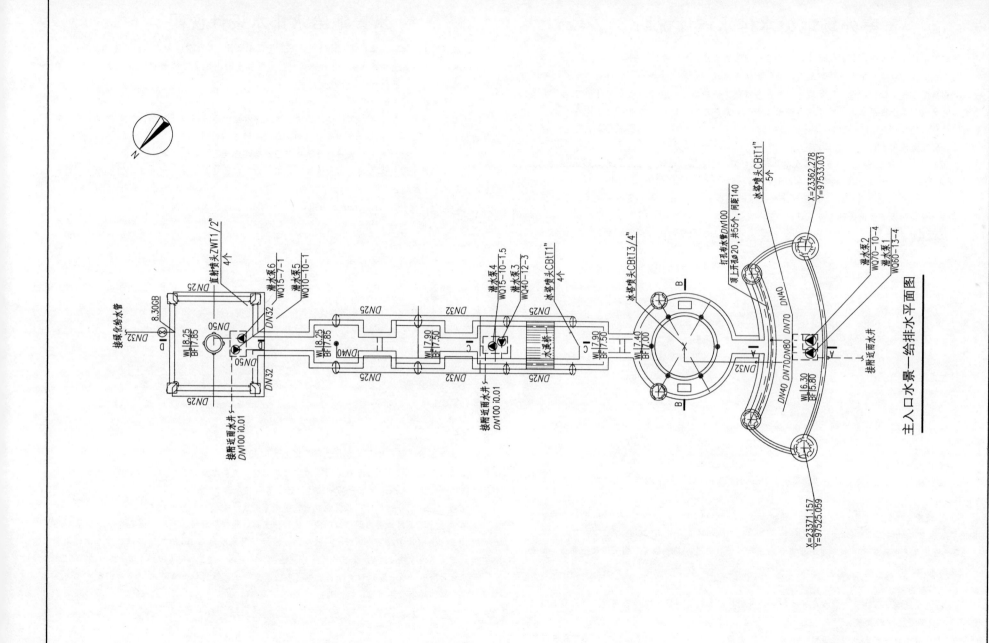

图 2-159　主入口水景—给排水平面图——水施（02）

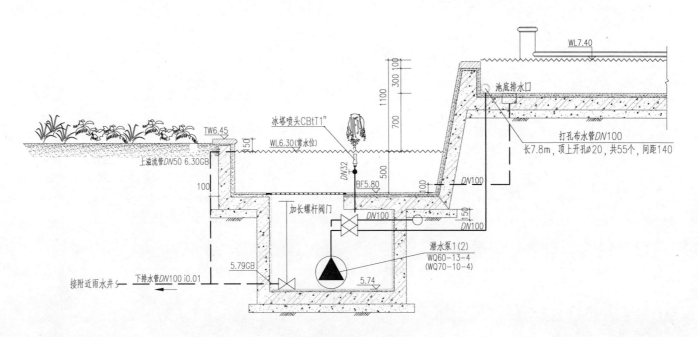

主入口A-A剖面图

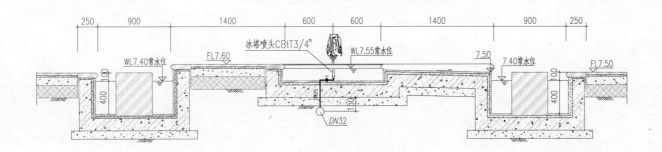

主入口B-B剖面图

图 2-160　主入口水景一 A-A、B-B 剖面图——水施（03）

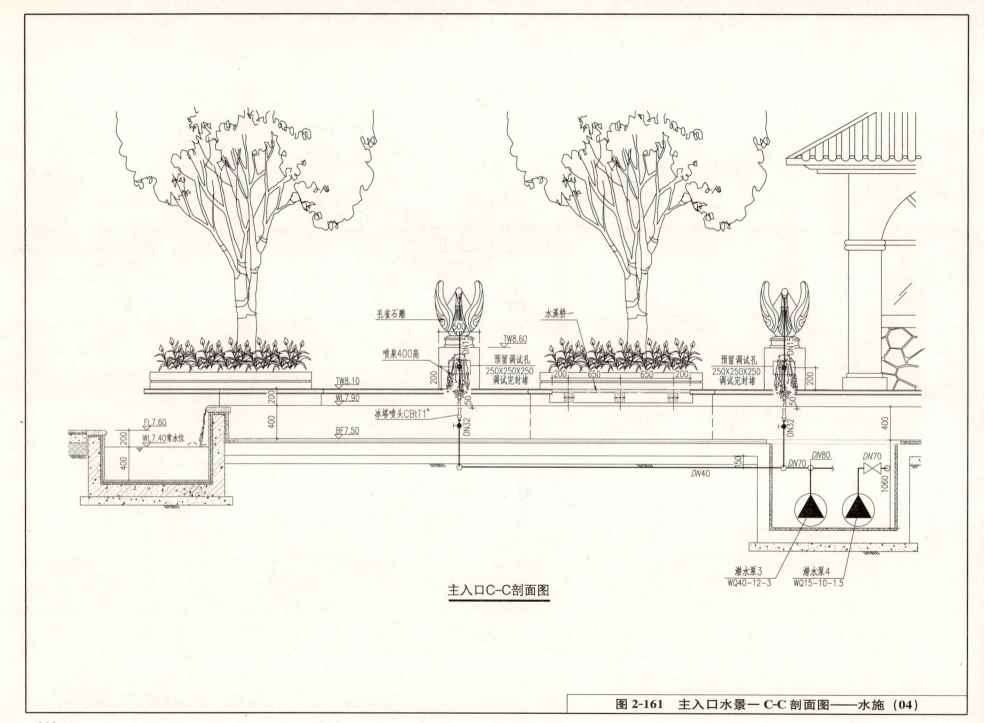

图 2-161 主入口水景一 C-C 剖面图——水施（04）

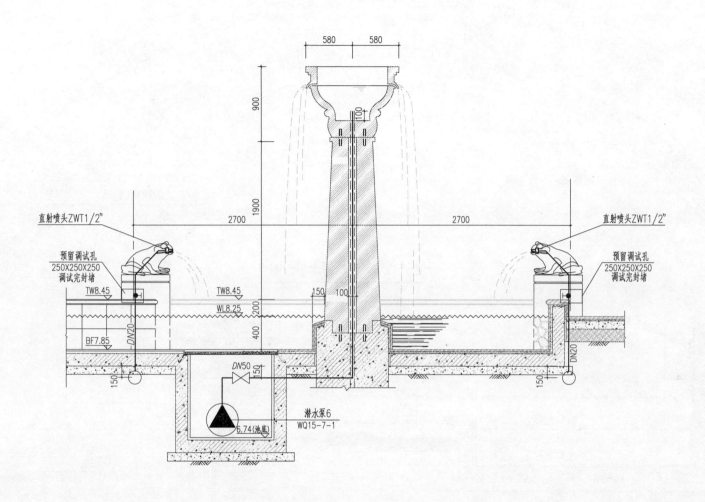

图 2-162 主入口水景一 D-D 剖面图——水施（05）

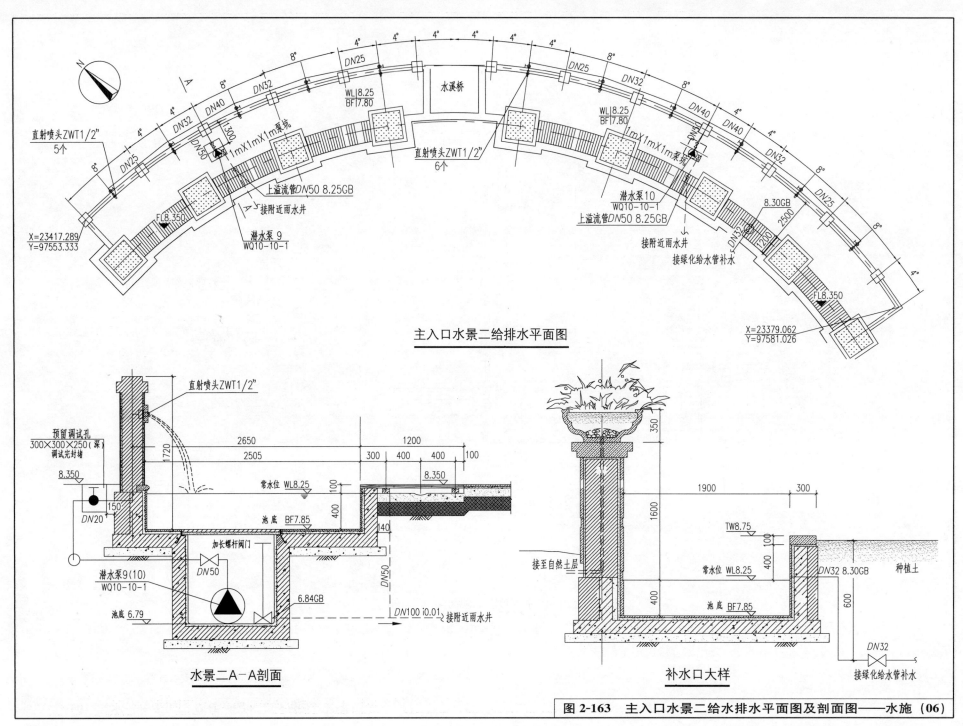

图 2-163 主入口水景二给水排水平面图及剖面图——水施（06）

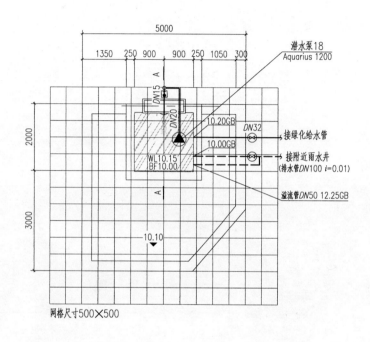

亲子乐园吐水景墙给水排水平面图

A-A剖面

图 2-164 亲子乐园吐水景墙给水排水平面图及剖面图——水施（07）

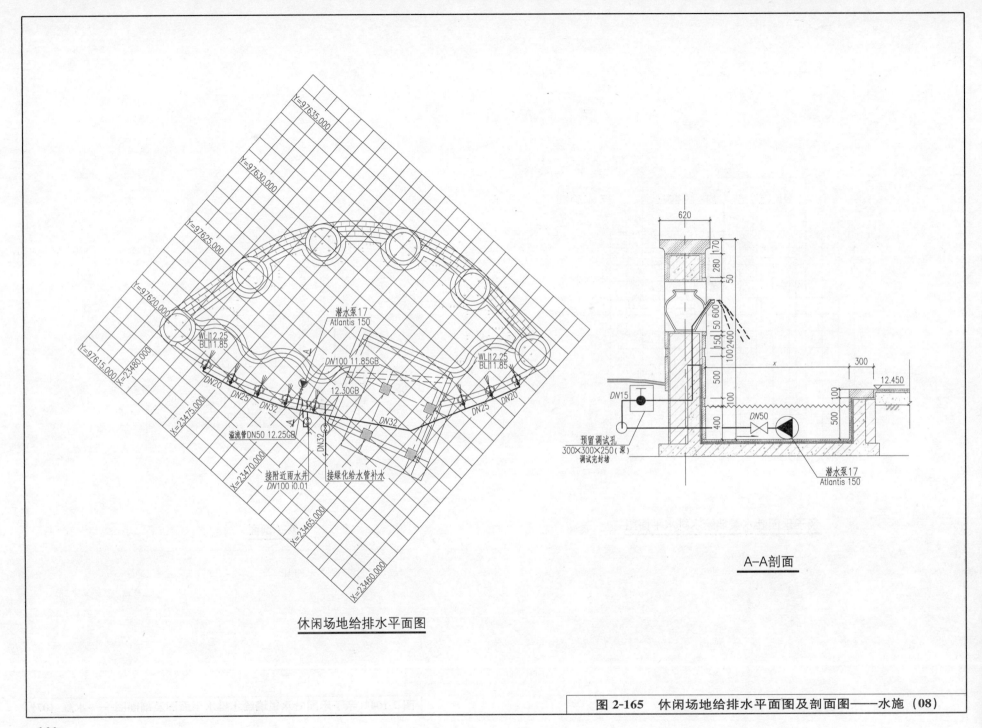

图 2-165 休闲场地给排水平面图及剖面图——水施（08）

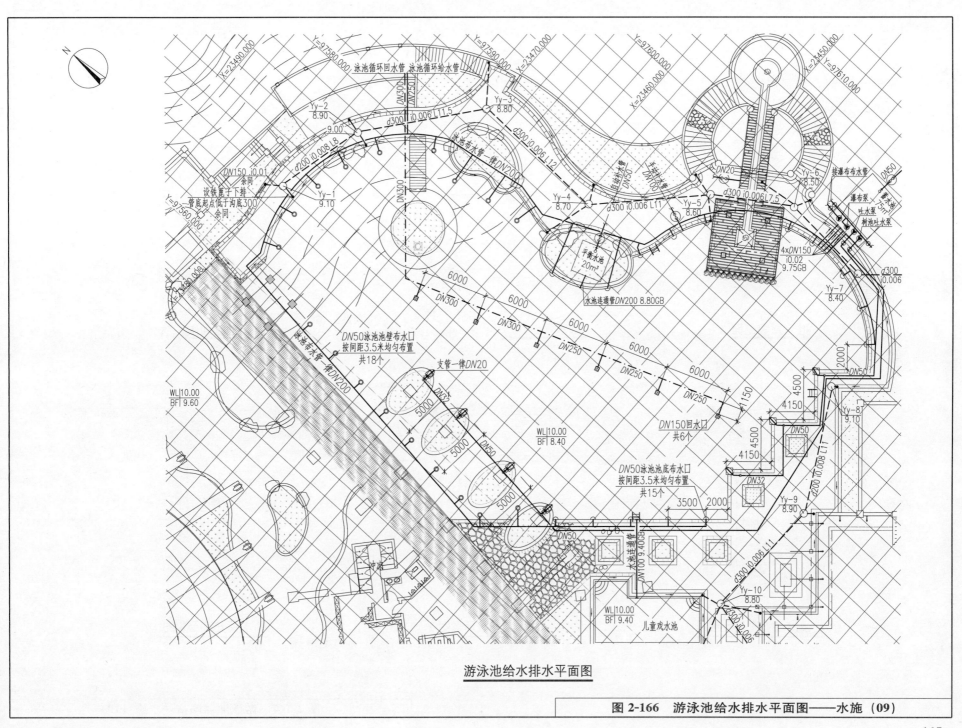

图 2-166 游泳池给水排水平面图——水施（09）

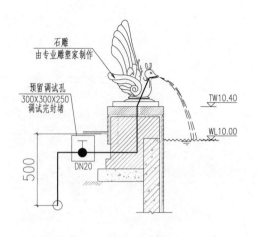

吐水雕塑剖面

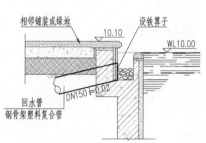

回水管大样

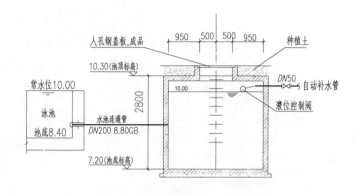

平衡池剖面图

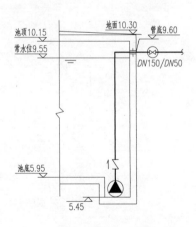

水泵出水管安装示意图

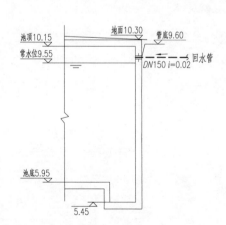

回水管安装示意图

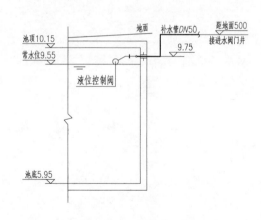

补水管安装示意图

图 2-167　游泳池详图——水施（10）

2.6 电气专业

住宅小区电气专业图纸目录

序号 SERIAL No.	图 纸 名 称 TITLE OF DRAWINGS	图 号 DRAWN No.	附注 NOTE
1	电气专业图纸目录	电施(00)	
2	电气设计说明	电施(01)	
3	亲子乐园环境照明平面图	电施(02)	
4	休闲场地环境照明平面图	电施(03)	
5	主入口水景环境照明平面图(一)	电施(04)	
6	主入口水景环境照明平面图(二)	电施(05)	
7	游泳池区环境照明平面图(一)	电施(06)	
8	游泳池区环境照明平面图(二)	电施(07)	
9	廊架(一)照明平立面图	电施(08)	
10	廊架(一)A-A、B-B剖面图	电施(09)	
11	泳池灯详图	电施(10)	
12	主入口详图(一)	电施(11)	
13	主入口详图(二)	电施(12)	

图 2-168　电气专业图纸目录——电施（00）

电气设计说明

一、设计范围
本设计为某小区环境设计环境照明及配电设计电气施工图。

二、设计依据
1. 《低压配电设计规范》GB 50054—95
2. 《电力工程电缆设计规范》GB 50217—2007
3. 《民用建筑电气设计规范》JGJ 16—2008
4. 《城市道路照明设计标准》CJJ 45—2006
5. 《城市夜景照明设计规范》JGJ/T 163—2008
6. 设计委托书
7. 建筑环境、水等施工图及要求。

三、负荷计算
环境照明总用电量：
设备容量：146.1kW，计算容量：116.9kW，计算电流：246.7A。

四、供配电
1. 本工程电气负荷按三级设计。
2. 在游泳池机房配电间设环境用电总配电箱HJAL，电源由1号配电房低压开关柜引来，AL、AL1～AL5箱电源由HJAL箱引出。
3. 配电系统接地形式采用TN-S系统，电源电压为380V/220V。
4. 部分照明回路采用三相配电，接入负荷尽量均匀分布于各相上，以达到三相负荷尽量平衡。
5. 水景喷泉、池水照明、跌水溪流照明采用12V安全电压供电。
6. 对庭院灯和草坪灯照明回路采用自动和手动两种控制方式，并可互相转换。对庭院灯和草坪灯以外的回路只采用手动控制。

五、设备安装、线路敷设
1. AL照明配电箱安装在更衣间，AL1、AL5环境照明配电箱安装在岗亭内，AL2、AL3环境照明配电箱安装在游泳池机房的配电间内，AL4环境照明配电箱安装在游泳池机房的设备间内。AL、AL5箱以中心距地1.7m嵌墙暗设，AL1～AL4箱落地安装。
2. 馈电回路均穿管暗敷设，室外埋深0.8m，室内埋深0.3m。室外线路在转角处及直线段每隔约30m须设手井（拉线井）。馈电回路过道路时，须穿水煤气钢管SC100，埋深1.0m，两端超出路基1.0m。
3. 电力、背景音乐地下管线平行敷设（间距0.5m）距离乔木最小净距1.5m，距离灌木最小净距0.5m，路灯电缆与道路灌木丛平行距离不限。与其他地下管线平行敷设时的最小净距详见国家有关规范。

六、安全保护
1. 电箱处须做重复接地，其接地装置可利用构筑物的基础钢筋，接地电阻不大于10Ω。若接地电阻达不到设计要求，应补打接地极（或增加换土、加降阻剂等措施）。与其他地下管线平行敷设时的最小净距详见国家有关规范。
2. 配电间内、岗亭、更衣间总施总等电位联结，将建筑物内的保护干线，给水排水总管及金属输送管道，建筑物金属构件等部位进行联结。

七、设计内容
1. 庭院灯以约20m间距均匀布置，灯具布设于距人行道边0.4m处，灯高3.5m，光源为白色。草坪灯（园路照明）、花草灯以约8m间距泳池、跌水溪流、水景泵抗内做局部等电位联结，用40mm×4mm镀锌扁钢沿泵坑内壁贴壁明敷（距池底0.3m安装），用等电位联结线（BVP16mm²）均匀布置，灯具布设于距人行道边0.2m处。灯高0.55m，光源为白色。地脚灯安装高度0.3m，光源为白色。植物泛光照明距离约0.4m将电器设备和金属管道相联结。
2. 凡正常情况下不带电，而发生事故、故障时可能带电的金属电器、元器件、附件等均应做可靠接地处理。（应现场调试后视现场情况而定）。室外灯具防护等级为不低于IP55，地埋灯具防护等级为不低于IP67，水下灯具防护等级为IP68。具体做法见国家标准图集—02D501—2。各配电箱、灯具等金属外壳须可靠接地，接地电阻须小于10Ω。
3. 漏电保护：
(1) 末级照明配电箱内的保护：①潜水泵回路：开关选用单相或三相过电流加漏电（30mA、0.1s）保护开关。②照明回路总开关：开关选用单相或三相过电流加漏电（100mA、0.1s）保护开关。
(2) 末级照明配电箱进线电源开关：进线电源开关选用带隔离过电流及漏电保护功能的开关（100mA、300mA、0.2～0.3s）。

八、其他
施工时必须遵守有关施工、验收规范进行施工。

图2-169 电气设计说明——电施（01）

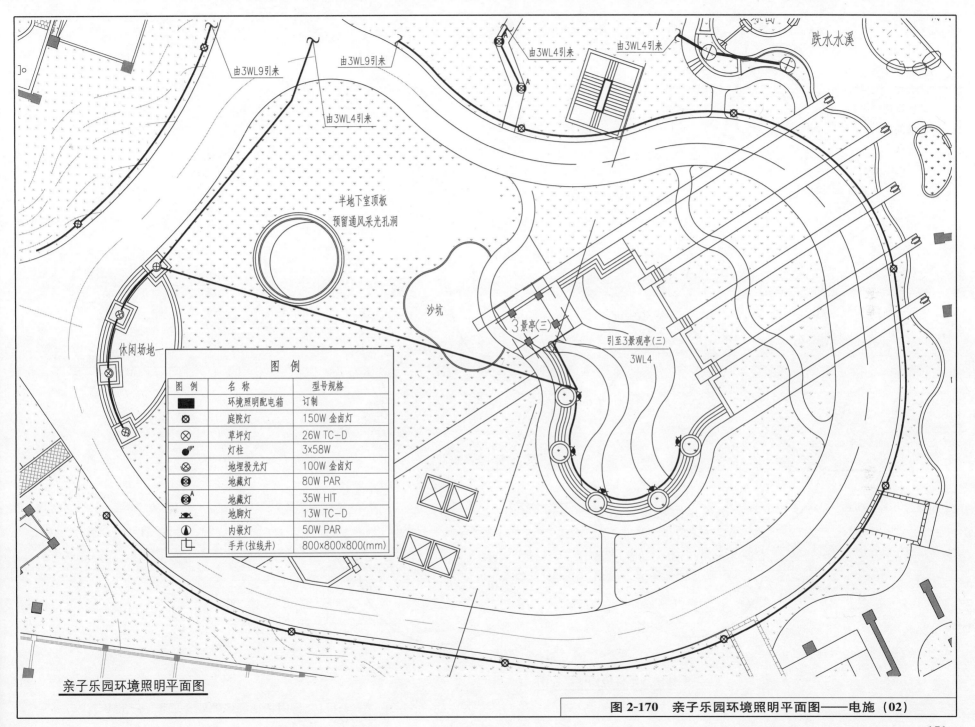

图2-170 亲子乐园环境照明平面图——电施（02）

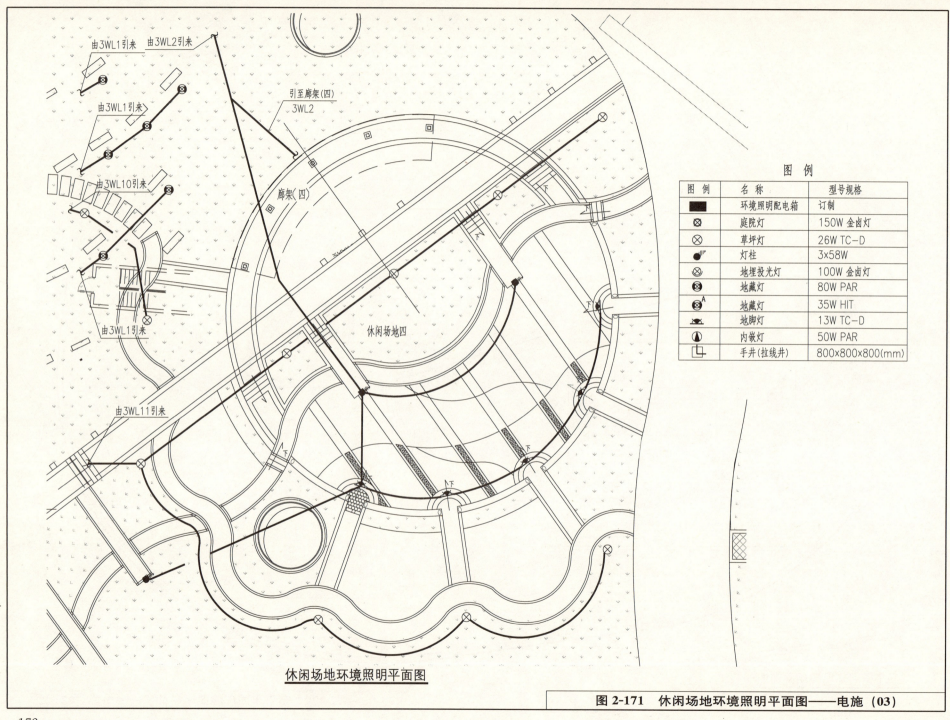

图 2-171 休闲场地环境照明平面图——电施（03）

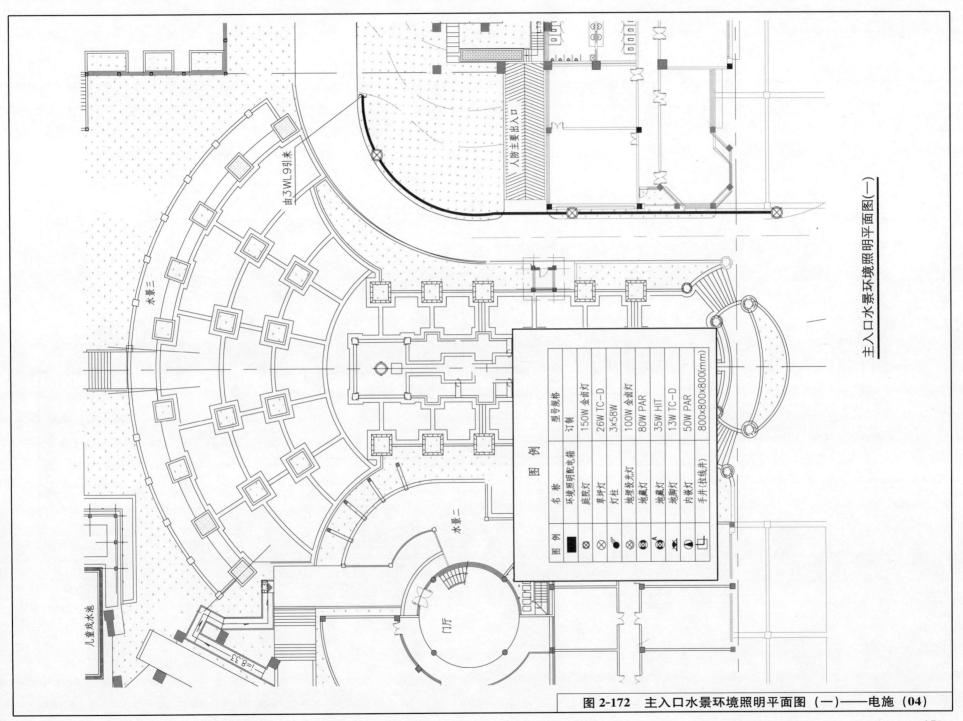

图 2-172 主入口水景环境照明平面图（一）——电施（04）

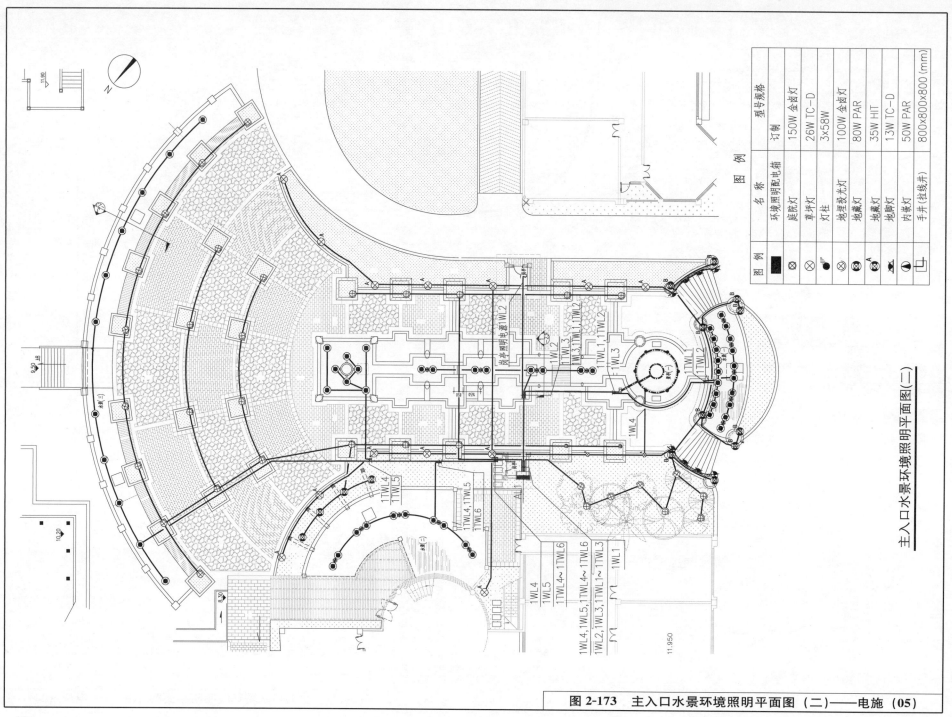

图 2-173 主入口水景环境照明平面图（二）——电施（05）

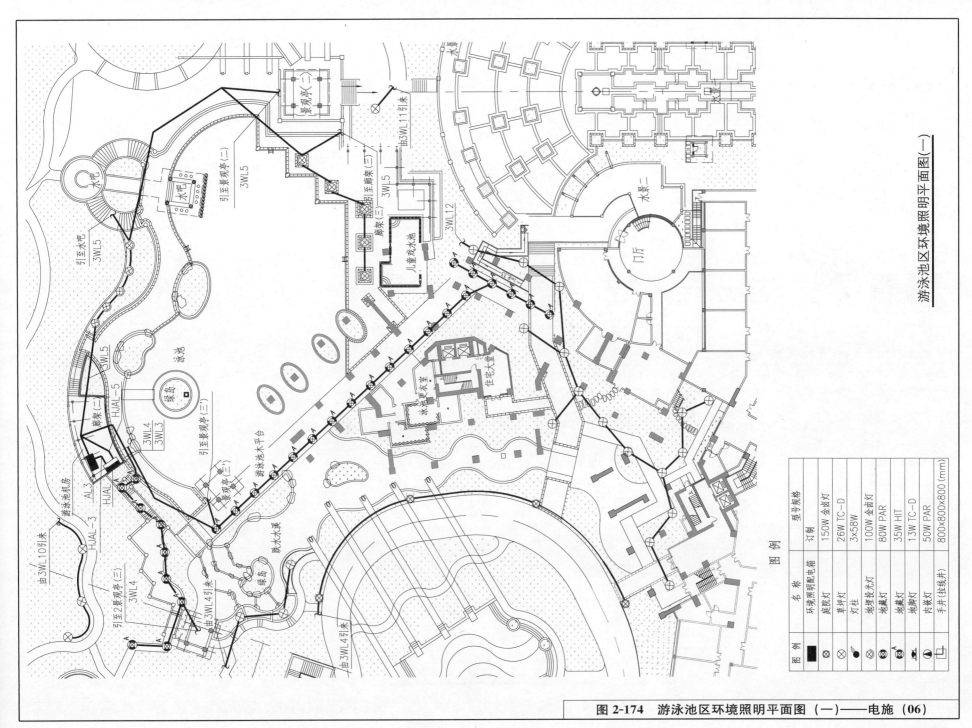

图 2-174 游泳池区环境照明平面图（一）——电施（06）

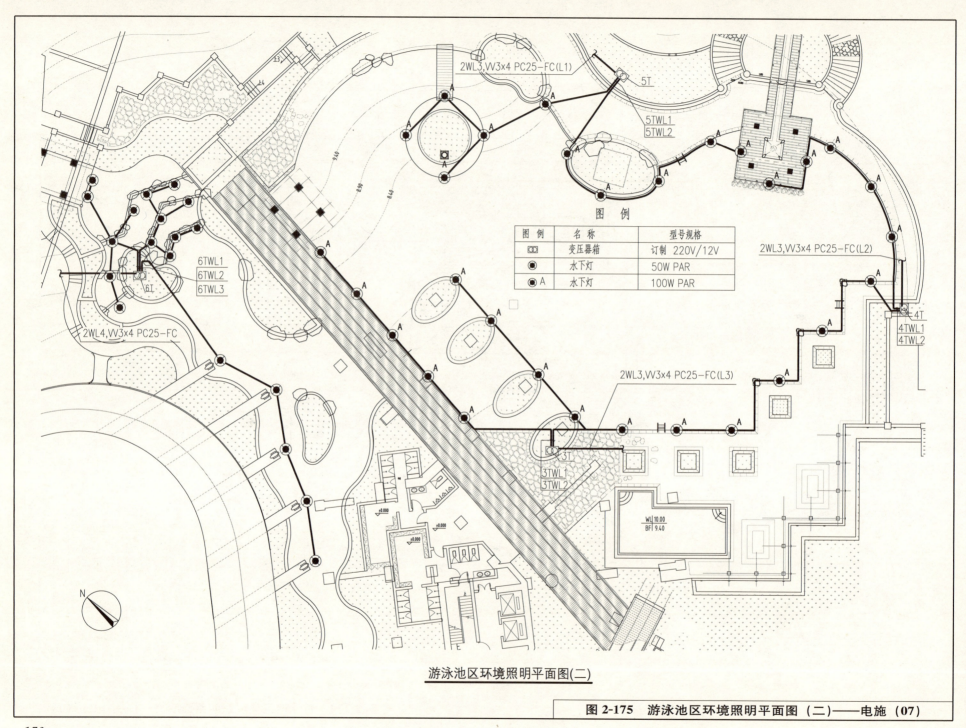

图 2-175 游泳池区环境照明平面图（二）——电施（07）

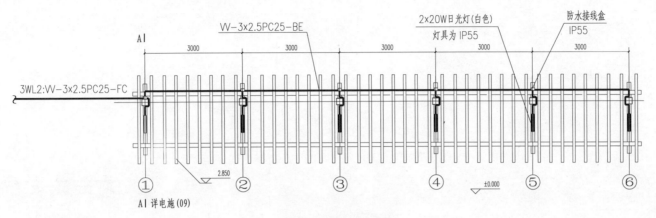

廊架(一)照明平面图

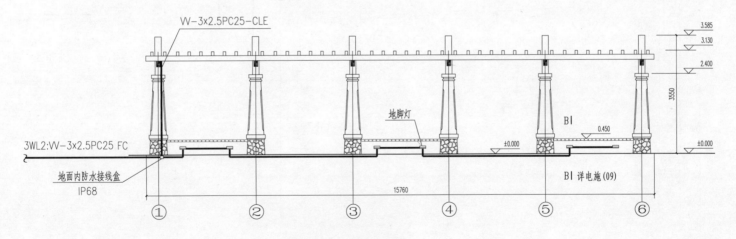

廊架(一)照明立面图

图2-176 廊架（一）照明平立面图——电施（08）

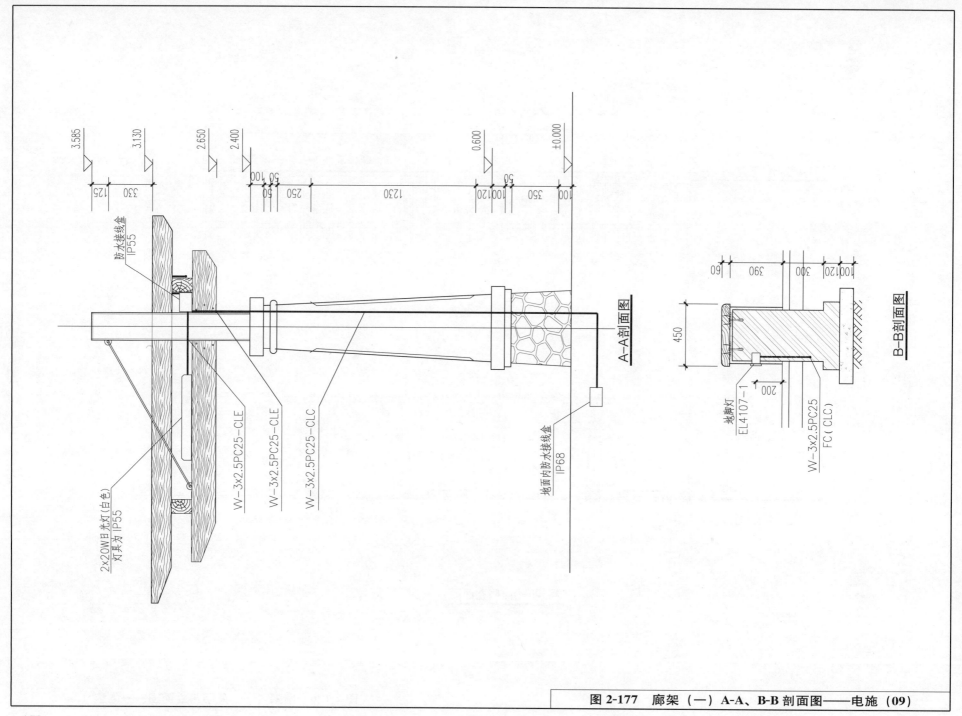

图 2-177 廊架（一）A-A、B-B 剖面图——电施（09）

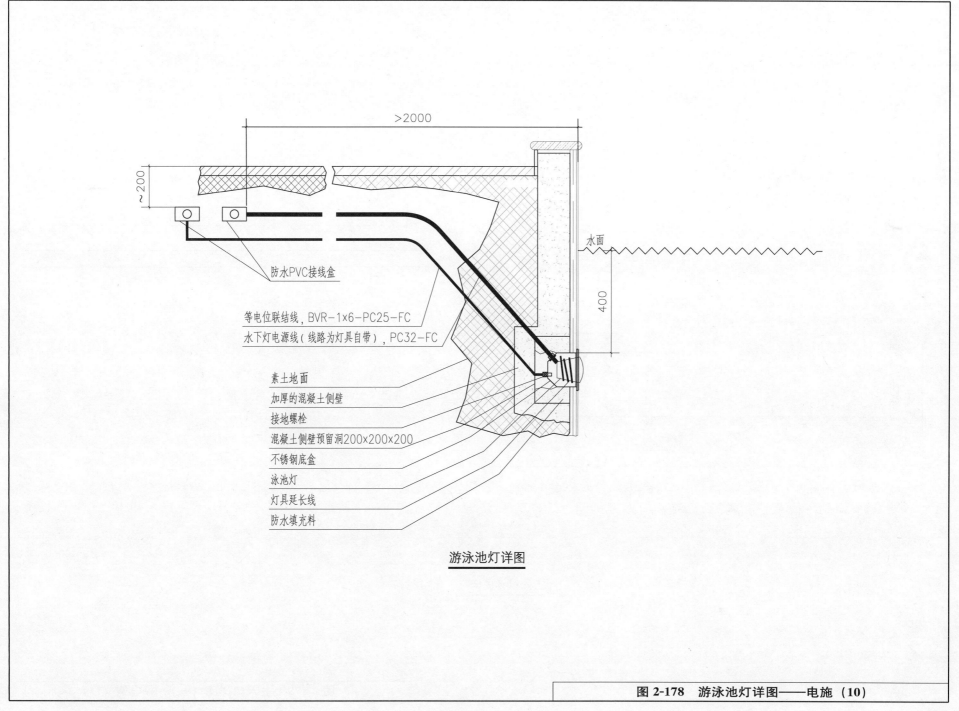

图 2-178 游泳池灯详图——电施（10）

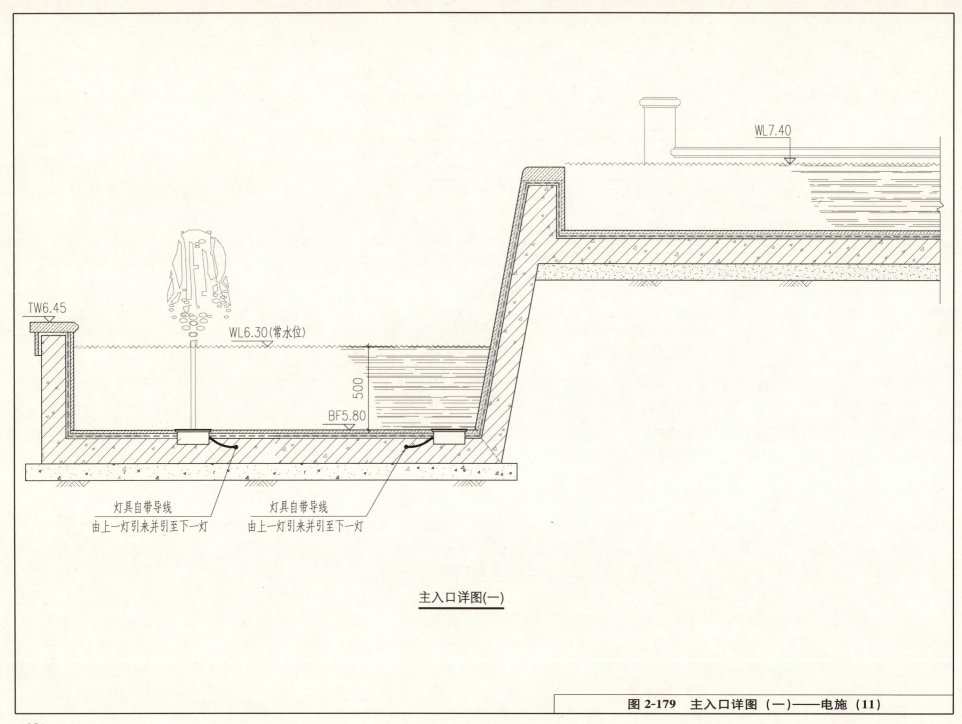

图 2-179 主入口详图（一）——电施（11）

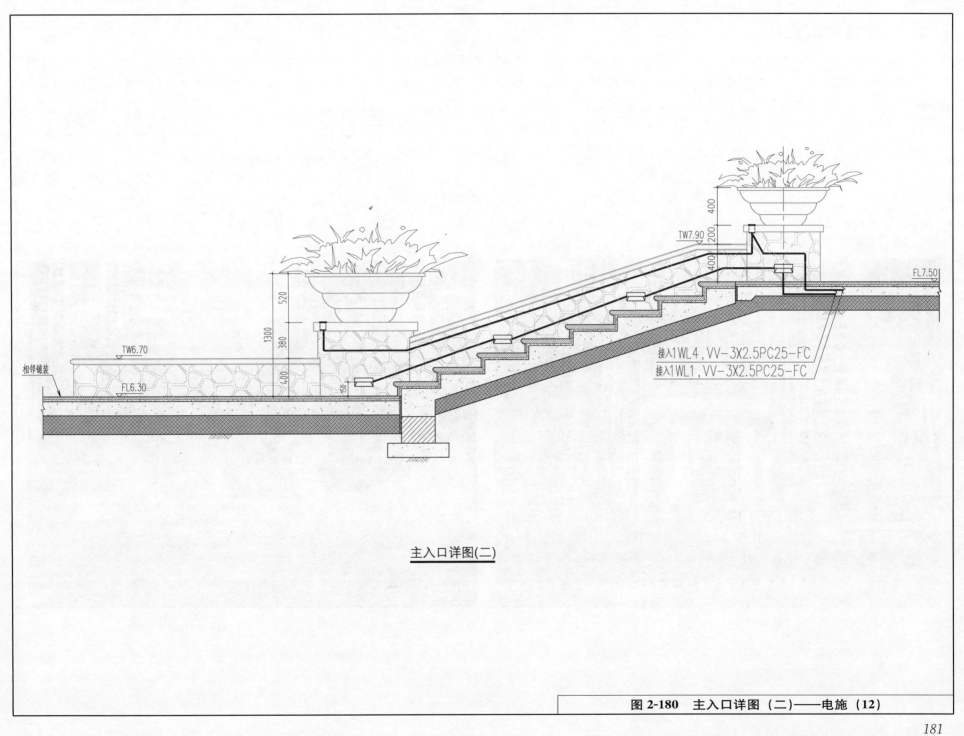

主入口详图(二)

图 2-180　主入口详图（二）——电施（12）

2.7 现场实景照片

开放、大方的入口景观彰显了小区的个性与品质

憨厚拙朴的动物形象不但成为景观设计的一部分,而且为小区带来了情趣与亲争感

优美的曲线似水的流动,墙体大小不一的镂空又起到了框景的作用

园区景观空间多样,层次变化丰富,风格独特统一,它不断地带给人们惊喜

生态健康的社区环境带给人们的是对生活的美好向往